U0174796

1970

1960

1950

1930

J940

1920

# Vintage

胸针时尚百年

郑莺燕 著

电子工业出版社·

**Publishing House of Electronics Industry**

北京·BEIJING

我们逆流而上，又不断被带回过去。

——弗朗西斯·菲茨杰拉德

# 序

## 与历史同行

"佩加蒙博物馆无声地诉说：我来过，我战斗过，我征服过，我深爱过，我不在乎结局……这是我第一眼看到博物馆内古巴比伦城门时的感动。你可知，眼前的伊什塔尔大门，是考古学家们用 30 万个碎片拼接而成的，而这仅仅是当年古巴比伦城门最矮最外侧的一层。古巴比伦王国（公元前 1894—前 1595）位于美索不达米亚南部，在汉谟拉比的领导下，一跃成为囊括两河流域的帝国。而《圣经》早在公元前 7 世纪就预言了古巴比伦王国的毁灭和永不再建造。"

2013 年，我站在德国柏林博物馆岛上著名的佩加蒙博物馆前写下了这段文字。过往的工作经历让我几乎每年都有探访欧洲的机会，有机会沉浸在博物馆内，久而久之，俨然成了"博物馆控"。

罗马是一座永远看不完的城市，她是一座天然的露天博物馆，她把宝贝完整地向你展现，毫无保留。无论你什么时候来，她都是那副样貌，仿佛永远不变，你还可以继续上次的记忆，继续与 2775 岁的她交谈，她的名字就叫永恒。

2013 年，我去罗马录制节目时偶遇了一位老奶奶，当时她佩戴了一枚精致的胸针，这种精致与考究与她身上散发出的意大利式的慵懒形成反差，那枚胸针的材质并不名贵，但造型和形态中满溢着灵动。这一次的"遇见"为我打开了 Vintage 胸针收藏的大门。

其实，我与 Vintage 首饰结缘更早。15 岁那年，妈妈送了我一套亲戚从日本带回的大雁胸针和耳夹，那套首饰并非全新，也不是什么高级珠宝，但是它却如此与众不同，让我满心欢喜。我清楚地记得，那年表姐婚礼，妈妈"特批"我可以佩戴它出席。后来我才知道，从 20 世纪 80 年代开始，日本便掀起了一阵"中古风"。

这是我人生中第一套珠宝，确切地说是时装珠宝（Costume Jewelry），也称服饰珠宝。它当然不是服饰和珠宝的简单叠加，而是为了配合服饰而设计和制作的时尚首饰或半宝石珠宝。近 300 年来，时装珠宝一直是珠宝文化的一部分。早在 18 世纪，珠宝商们就开始使用廉价玻璃制作首饰。19 世纪，由半宝石材料制成的时装珠宝进入市场，这让普通人也能有机会拥有心仪的首饰。不过，"时装珠宝"这一名词的出现是在 20 世纪早期，到 20 世纪中期，时装珠宝迎来了它的黄金时期。

即器见道。器物的神形也映射着人的性情，每一件器物的背后都承载着设计者的灵魂，流淌着一段流金岁月。在 Vintage 胸针的世界中，历史沉浮之间的线索若隐若现，文明的交融与对话音犹在耳。

一枚 Vintage 胸针的艺术价值丝毫不亚于一幅绘画或一尊雕塑。慢慢地，我开始收藏并痴迷于这种"轻古董"，只要有机会，我就会开启一场说走就走的旅行，去寻觅和遇见那一枚枚动人的胸针，听她们述说上下宇宙、古往今来。

## 你看到的是心上的自己

"胸针之于女性，象征大过于装饰，因为它是所有饰物中唯一不和女性身体发生接触的特例。而即使高贵如女皇，在佩戴胸针时也必须谦卑俯首，那时往往会有一阵微微的眩晕，因为，你看到的是你心上的自己。"

这是奥地利作家斯蒂芬·茨威格在其中短篇小说集《艾利卡·埃瓦尔德之恋》中写下的一段话，它恰到好处地道出了女性和胸针之间耐人寻味的关系，也道出了胸针有别于其他饰品的特别之处与动人之处。

没错，"心上的自己"——请轻柔地靠近她、端详她、聆听她。在离心房最近的地方，那熠熠生辉的正是让你心头为之颤动的，或是繁花似锦，或是璀璨星月，或是高贵如皇冠宝剑，或是童真如飞鸟舞蝶。那于胸前、衣间绽放的是佩戴者的告白，也是时光留下的回响。

胸针会说话。她和你永远不会有肌肤之亲，却是你最忠诚的代言人。从英国女王、第一夫人、政界精英，到传奇好莱坞明星，都用胸针彰显她们的品位和立场。

胸针的历史可以追溯到青铜时代，千百年来，胸针见证了时代的更迭，胸针的工艺和题材也随之变化。一直到欧洲文艺复兴时期，现代胸针的雏形逐渐形成，当时，胸针的纹样主要围绕宗教题材，且仅仅是上流社会的专属。

19世纪英国维多利亚时代早期，流行以自然、花卉、浮雕、爱心为题材的胸针，风格浪漫而轻快。1861年维多利亚女王的丈夫阿尔伯特亲王去世，女王十分悲痛，在随后独自度过的四十余年的时光里，女王也始终怀念着他，这一时期的胸针设计主题也变得更为沉重，在胸针内嵌入头发和肖像来纪念所爱的人逐渐成为当时的流行时尚。19世纪末20世纪初，在欧洲及美国逐渐兴起的新艺术运动（Art Nouveau）是一次承上启下的艺术运动，它开启了一种新的装饰艺术风格，开始拥抱自然、花卉、动物、蝴蝶、昆虫，还有充满神秘色彩的仙女和美人鱼。20世纪20年代，装饰艺术（Art Deco）闪亮登场，受到立体主义和野兽主义的影响，装饰艺术的色彩更为明亮，并采用机械式的、几何的、纯粹装饰的线条呈现时代美感，远东、中东、希腊、罗马、埃及与中美洲等古老文明的物品或图腾都成为其素材来源。

20世纪萧条的30年代、战争的40年代、黄金的50—60年代……时代的脚步从未停歇，时尚也在潮起潮落中更迭。厌倦了浮华的人们遇见Vintage胸针，如获至宝，那不仅是出于复古的情怀，更是因为作为一件器物，Vintage胸针是时光最好的记录者，她也许有瑕疵，就像饱经风霜的银丝与鬓角；她一定有故事，无声地述说着她所来自的时代和过往的因缘际会。

# 解读60年世界时尚史

历史是什么：是过去传到将来的回声，是将来对过去的反映。

——雨果《笑面人》

Vintage经常与复古、中古、古着混淆。中古、古着都是起源于日语的词汇，起初都是二手的意思，因为中古店中也有小部分Vintage商品在售卖，久而久之，中古、Vintage便混为一谈。

Vintage物品的时间跨度是20世纪20年代到80年代之间。20年代之前的物品叫作"Antique"，更像古董。

我选择Vintage胸针这种饰品作为收藏，试图从浩瀚的历史和深厚的文化中找到一个入口，去梳理20世纪20年代至80年代的时尚和时代的演变脉络。

Vintage 犹如一本没有文字的书，记录着属于她那个时代的历史。胸针恰到好处地点缀于衣衫之间，她诉说的不仅是佩戴者的心事，更是光阴的故事，是时代的沉淀、岁月的洗礼，是春去秋来、时光荏苒，是亘古不变的人性，更是酸甜苦辣的生活。

在过去的数年里，我有幸遇见并收藏了一部分巧夺天工的 Vintage 胸针，我依照数十年前的经典海报上的款式进行收藏，总想着能凑成完美的一整套，这显然加大了收藏的难度，比如我一直在等待 Trifari 1957 年出品的一枚仿贝母的爱心胸针，还有一枚 Marcel Boucher 的飞鸟胸针也是我念念不忘的。我希望能一目了然地去还原当初的美好与震撼，而不是犹抱琵琶半遮面的若隐若现。

"我真的拥有这些东西吗？"我常常这样反问自己。我时常独自在家欣赏、把玩这些珍宝，任由时光在我对器物的凝视、器物与我的对话中流淌。回味越久，越发觉得，我只是这些器物暂时的保管者，是恰巧遇见她们的过客，正如她们此前的每一位保管者一样。

每一位 Vintage 胸针藏家都有着各自的生活曲线，他们生活在世界各地，因美物而产生了奇妙的缘分，因为某个意念的驱使，在某个交点，人与人、人与物得以相遇，这也许就是今生今世的命中注定，汇聚了无数的有意和无意，无数的遇见和离别。

很自豪，这将是国内系统梳理和品鉴 Vintage 饰品的第一本读物。在写作的同时，我还在筹备一场展览，这是我作为一个中国人，与几十年前的西方设计师和手工匠人及其所承载的时代的隔空对话，是来自东方视角的解读与致敬。

序

# 第一章 永不褪色的合金

# 第二章 影响深远的时尚文化

# 第三章 当群星璀璨时

## 第四章 前浪与后浪

# UNFADI
# ALLOY

当喧嚣、享乐、纸醉金迷的美国与夸张、奢华的装饰艺术相遇，
可想而知，时装珠宝的春天到来了！

第一章

# 永不褪色的合金

1920—1980

# 喧嚣的 20 世纪 20 年代

"在他幽蓝色调的花园里，男男女女像忙碌的飞蛾，在笑语、香槟和星光间往来穿梭……每周至少两次，一群承办宴席的人们从城里赶来，带着几百尺搭篷用的帆布和各式各样的彩灯，将盖茨比家偌大的花园装饰得像一棵圣诞树……这也许是我喜欢纽约的原因之一。喜欢夜晚那种活力四射、冒险的情调，喜欢川流不息的男男女女，还有路上的车水马龙给应接不暇的双眼带来的视觉享受。我喜欢走在第五大道上，在人群中观望漂亮而风情万种的女人……"

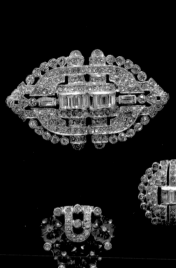

名称
Art deco 装饰艺术风格胸针
品牌
KTF \ Scheherazade \ Coro 等
年代
1910—1930
质地品类
Paste\ 铜铅合金 \ 白银镀铑

3

喧嚣、狂热、绚丽多彩、消费至上，这是菲茨杰拉德在小说《了不起的盖茨比》中描绘的场景。这部畅销小说以 20 世纪 20 年代的纽约市及长岛为背景，再现了一个物欲横流、纸醉金迷的繁华年代：彼时的纽约，高楼林立，车水马龙，一片欣欣向荣。

1904 年，大西洋彼岸，意大利南部的那不勒斯——一座一年四季阳光普照的城市，在当地流传着一句俗语，"朝至那不勒斯，夕死足矣"。21 岁的小伙子古斯塔沃·翠法丽（Gustavo Trifari），却选择挥别这座"阳光和快乐之城"，欢欣雀跃地登上了远赴重洋的邮轮，开启了寻梦之旅，他的目的地是热闹的纽约。在这之前，他在爷爷路易吉的手工作坊做了四年学徒，爷爷的传统作坊主要生产发梳和发饰，如此沉闷的生活显然满足不了这位年轻气盛、踌躇满志的小伙子。

古斯塔沃·翠法丽只不过是当时数千万涌向美国"寻梦"大军中的一员。从 1881 年到 1920 年，出现了美国历史上的第三次移民潮，移民人数猛增到 2350 万。移民人数的顶峰在 1907 年，移民人数达到 128.5 万。经过三次移民潮，1920 年美国人口总数首次超过 1 亿，城市人口首次超过农村人口，城市人口占全国人口比重达到 51.2%。

名称
捷克胸针
品牌
无标
年代
1920—1930
质地品类
铜（铅）\ 捷克水晶

2015 年，在大西洋彼岸，时隔近一个世纪，中国城市人口首次超过农村人口。历史总是惊人地相似，斗转星移，却又循环往复。

## "纽漂"：好男人当手工匠，坏男人当黑手党

　　彼时，经历了两次移民潮的美国，对待移民已不再是早期敞开怀抱盛情欢迎的姿态了。这时，美国政府多次立法限制欧洲移民，排斥亚洲移民。来自英国、德国、瑞典等西北欧国家的"老移民"人数增长缓慢，但来自意大利等东南欧国家的"新移民"人数却增长迅速。古斯塔沃·翠法丽便是新移民中的一员。

　　在意大利有人说："好男人当手工匠，坏男人当黑手党"。古斯塔沃·翠法丽这位来自传统金匠家庭的小伙子除了满腔抱负，当然少不了手工匠人的娴熟技术。他是美国城市化亟需的城市手工业者。他到达纽约的第一站是 Weinberg & Sudzen 珠宝工厂，这位性格开朗的小伙子凭借自己的才华征服了纽约珠宝制造商弗朗西斯·卡查（Francis Kacha）的千金阿涅斯·玛丽·卡查（Agnes Marie Kacha）。

像古斯塔沃·翠法丽这样带着技术或资本踏上美国这片新大陆的移民并不在少数。在移民潮中，一些按捺不住的农民贱卖了土地，来到繁华都市跃跃欲试，但是没有资本，也没有技术的农民群体无法满足美国城市化、工业化对"通用化"和"模块化"、"技术化"的要求，而像古斯塔沃·翠法丽这样的新移民则填补了这一空白，给美国的发展注入了一剂强心剂。

　　1908 年，古斯塔沃·翠法丽迎娶了阿涅斯·玛丽·卡查。同年，美国人福特采用流水线大批量生产出了价格低、安全性能高、速度快的 T 型汽车。之前，汽车曾是身份的象征，是只有少数达官贵人、富豪阶层才消费得起的高档奢侈品。而 T 型汽车开启了汽车的大众化时代，也成为当时社会变革的重要动力之一。20 世纪 20 年代，福特公司及其他汽车制造商创造了大约 50 万个就业机会，为美国人提供了稳定且不断增长的收入，快速增长的汽车行业催生了整条产业链的繁荣。当美国汽车产量达到几百万辆的时候，德国只有十几万辆。第一次世界大战以后，随着工业规模的扩大以及标准化的推广，大批量生产成为新工业的标志，汽车价格也大幅下降；到 1927 年，福特公司总共卖出了 1500 万辆 T 型汽车，到 20 世纪 20 年代末，福特汽车已遍及北美大地。

除了汽车，还有一项发明迅速改变了人们的生活——广播。如果说汽车使数百万美国人能轻松到达新的地方、领略新的风景，那么广播则让人们足不出户就能获取新的想法和经验。当时的美国，虽然女性获得了投票权，但四分之三的女性仍然是家庭主妇。对美国人来说，电影和广播中描述的那种让人激动不已的社交活动和社会事件只能是梦想，但这种梦想很强烈，无论是富人，还是穷人，都开始追赶时髦。

1909年，古斯塔沃·翠法丽和叔叔路德维克·翠法丽（Ludovico Trifari）创立了 Trifari & Krussman 公司，经营意大利传统发饰和时装珠宝，三年后，叔侄俩的合作结束。那时候，一场称为"新艺术运动"的形式主义运动在欧美兴起，宣扬新世纪需要新的风格与之为伍。古斯塔沃·翠法丽意识到意大利传统设计并不能紧跟潮流，于是在1912年，他重新创立了品牌 Trifari NYC。

想冒险的人来到美国，一部分人为了财富，还有一部分人为了躲避战火。1914年，第一次世界大战爆发，欧洲湮没在战火硝烟中，大洋彼岸的美国坐山观虎斗，以中立国身份向两大军事集团大肆贩卖军火，成为欧洲最大的军火供应国。1914年，美国对欧洲出口军火超过4000万美元，同年10月英法两国向美国订购军火超过160万美元，1915年这一数据快速上升至3.3亿美元，1916年上升至12.9亿

名称
**花篮系列胸针**
品牌
**无标**
年代
**1920—1930**
质地品类
**银 \ 珐琅**

美元。1913 年，美国出口总额为 25 亿美元，1916 年其数额攀升到 55 亿美元。到战争后期，为了以战胜国身份获取胜利果实，拿到德国的战争赔款，美国于 1917 年 4 月宣布参战。

很快，第一次世界大战结束，欧洲国家开始焦头烂额地应对战争废墟。而大发战争财的美国从债务国变身为债权国，并用战争中狂赚的雄厚资本更新生产设备、扩大生产规模、革新生产技术。1929 年，美国在资本主义世界工业生产的比重已达 48.5%，超过了当时英、法、德三个老牌欧洲国家的总和，柯立芝总统自豪地声称，"美国人民已达到了人类历史上罕见的幸福境界"。

然而，占总人口 90% 的庞大的美国中下层阶级，在资本膨胀的 20 世纪 20 年代却并没有分享到美国繁荣的红利，相反，10% 的富人占有国民收入的比例从 1917 年的 40% 上升到 1927 年的 50%。那些把土地都舍弃了来到城市的农民虽然生活得到了改善，但与之相伴的是生活成本和心理压力的骤增。而原先的城市人口中有一大部分都变成了"伪中产阶层"，他们急需借助外在的装扮改变自己的身份认同感。

收音机、电影、汽车、地下酒吧等诸多新事物、新思潮以及新变革让人们的思想受到了前所未有的震撼和冲击。年轻人急于挣脱旧思想的束缚，他们穿上了时髦的服装，戴上夸张的配饰。年轻女性破天荒地开始在公开场合和男人们一起喝酒、抽烟、听新的时髦音乐——爵士乐，跳起了狐步舞、查尔斯顿舞和其他新式舞蹈，在舞池中，舞者们不再羞涩，而是紧紧地拥在一起。

消费主义、享乐主义、拜金主义像藤蔓一样，肆意地蔓延。

古斯塔沃·翠法丽

里欧·克拉斯曼

卡尔·费雪尔

## 造梦一代，群雄并起

社会变革带来了经济的快速发展，大大小小的公司纷纷在纽约注册，雨后春笋般出现在这片遍地黄金的土地上。1927年，来自俄罗斯的马泽尔（Mazer）兄弟在纽约创立了一家时装珠宝公司。同时期，和古斯塔沃·翠法丽一样来自那不勒斯的佩尼诺（Pennino）兄弟也在纽约成立了珠宝公司，当然，美其名曰公司，更像是哥几个的小作坊。

1924年12月，古斯塔沃·翠法丽和合伙人里欧·克拉斯曼（Leo Krussman）——知名帽饰品牌 Rice & Hochster 的销售权威，在纽约华尔道夫酒店知名餐厅 Peacock Alley 与卡尔·费雪尔（Carl Fishel）共进晚餐，刚从欧洲回来的卡尔·费雪尔被时装珠宝业的巨大潜能打动，于是，一顿饭的光景，三人一拍即合，准备大干一场。自此，翠法丽公司更名为 Trifari Krussman and Fishel，商标简称 KTF。

就在 KTF 成立的同年，在距离纽约800公里的芝加哥，一位名叫米里亚姆·哈斯克尔（Miriam Haskell）的大三姑娘正在收拾行李。她心意已决，要放弃芝加哥大学眼看就要完成的学业，加入前往纽约的熙熙攘攘的人潮中。这位25岁的俄国犹太裔姑娘，来自美国中北部印第安纳州的小城泰尔，父母在新奥尔巴尼经营着一家干货店，家境还算殷实，辍学原因据说是她觉得真珠宝并不是普通大众都能消费得起的，她要创办大众买得起的时装珠宝品牌。只身来到纽约的她，口袋里揣着500美元，按照当时的购买力换算，相当于今天的6000美元，她准备用这笔钱实现她的梦想。

20世纪20年代，美国的巨大繁荣让时装珠宝行业的有远见者从中窥到了希望。当时，"美国梦"的魅力就在于，阶层的上升通道是畅通的，只要你足够努力。

短短两年光景，这位天才少女便在古老的McAlpin酒店开设了一家珠宝店。俄国沙皇时代风格的印迹使得她的作品弥漫着一种贵族气质，开业不久就得到了上流社会的追捧，很快她又在57街西部开设了第二家店。也是在同一年，当时在梅西百货（Macy's）担任橱窗陈列师的弗兰克·赫斯（Frank Hess）被她说服，成了她的合伙人。1930年，她们将店面搬入了享誉盛名的纽约第五大道411号，后来又搬进了面积更大的392号，拥有三层楼面。

当时的美国，像卡地亚这样的高端品牌已经在纽约出现。1909年，来自法国巴黎的卡地亚三兄弟中的二哥皮埃尔，

名称
颤抖兰花胸针
品牌
KTF
年代
1935
质地品类
白银镀铑 \ 莱茵石 \
水晶

在纽约开设了分店。但走奢侈品路线的卡地亚只是上流社
会的宠物，昂贵的价格令美国人数更广泛的中产阶层望而
却步。

　　第一次世界大战后，人们迫切地想从战争的废墟和恐
慌中走出来，寻求物质和精神的慰藉，这种慰藉是一种弥补，
更是一种表达。人们开始热衷于宣扬个性，试图以此逃避

战争创伤。短裙、裤装、利落的波波头成了新女性的标配，据说当时纽约每天有 2000 多名女性剪短发，理发店外排起了大长队。前凸后翘的 S 型身型并不吃香，时髦的"飞来波"（Flapper）女郎们追求的是又飒又美的俏皮男友风，丰满的女孩子恨不得把高胸挤压成"高级平"。夜幕降临，华灯初上，女孩们又换上了华丽、亮闪的派对装，流苏、羽毛、刺绣、亮片，怎么花哨怎么来，脖颈间、衣衫上都是争奇斗艳的战场。正是从这一时期开始，更广泛的消费群体对珠宝，确切地说是对时装珠宝有了极大的需求。

说到时装珠宝，不得不提及 Art Deco，即装饰艺术，20 世纪 20 年代流行于欧洲，随后蔓延到美国。Art Deco 源于 1925 年在巴黎举办的现代工业和装饰艺术博览会（Exposition Internationale des Arts Décoratifs et Industriels Modernes）。全球知名的伦敦维多利亚和阿尔伯特博物馆（Victoria and Albert Museum）也曾举办过一次装饰艺术作品巡回展，将这一风格定义于 1910 年至 1939 年期间。时装珠宝由此崭露头角，Trifari、Miriam Haskell、Pennino、Mazer 等珠宝品牌敏锐地捕捉到了这一信息，并从中嗅到了蓬勃的商机，他们开始竞相钻研装饰性珠宝，创新设计、革新工艺与材料。

当喧嚣、享乐、纸醉金迷的美国与夸张、奢华的装饰艺术相遇时，可想而知，时装珠宝的春天到来了！

20 世纪 20 年代的美国街头

## 20 世纪 30 年代：珠宝界的觉醒

黑夜无论怎样悠长，白昼总会到来。

——莎士比亚

　　喧嚣的 20 世纪 20 年代，美国的社会财富急剧增长，一片歌舞升平，直到 1929 年 10 月 24 日，股票一夜之间从顶巅跌入深渊，股价下跌之快连股票行情自动显示器都跟不上。五天后，纽约证券交易所人头攒动，人人都在不计价格地抛售股票，证券经纪人被团团围住，交易大厅一片混乱，成千上万的美国人眼睁睁地看着毕生的积蓄在几天内烟消云散。这是美国证券史上最黑暗的一天——"黑色星期二"，短短两个星期内，300亿美元被蒸发，相当于美国在第一次世界大战中的总开支。

曾经的欣欣向荣转瞬间化为乌有。

8000家银行倒闭、工厂纷纷关门、830万人失业，农业资本家和大农场主大量销毁"过剩"的产品，白花花的牛奶被倒进了密西西比河，失业大军在胸口上挂着牌子，像牲畜一样给自己明码标价以寻求一份糊口的生计，街头巷尾多出了很多卖水果的小贩，他们中有许多人不久前还衣着光鲜亮丽地在写字楼里忙碌着，美美地盘算着账户里不断升值的股票。转眼间，曾经意气风发的银行行长或公司老板、知名作家都蜷缩在长达几个街区的领取救济食物的队伍里，那时的人们夸张地说，连登上即将落成的摩天大楼——帝国大厦跳楼自尽，也都得排队。

## 得平民者得天下

名称
玛格丽特菊花花束胸针
品牌
无标
年代
1935—1940
质地品类
白银镀铑 \ 琉璃

"金主"没了，梵克雅宝和卡地亚这样的高端珠宝品牌难以维系，知名设计师们纷纷出走。

"卡地亚都崩盘了，我还有必要继续做真珠宝吗？"古斯塔沃的答案当然是"不"。

古斯塔沃瞅准时机，向梵克雅宝和卡地亚的宝藏设计师阿尔弗雷德·菲利普（Alfred Philippe）伸出了橄榄枝。我们无从得知他给出的薪酬是否高得让人无法拒绝，但可以确定的是，古斯塔沃许下的承诺足够真诚，描绘的蓝图足够绚烂。

阿尔弗雷德被打动了。1930 年，阿尔弗雷德加入 Trifari，从此，Trifari 开启了最像高端珠宝的平民珠宝之路。从囊中羞涩的办公室小职员到混迹于名利场的明星大腕，都成了 Trifari 的忠实粉丝。

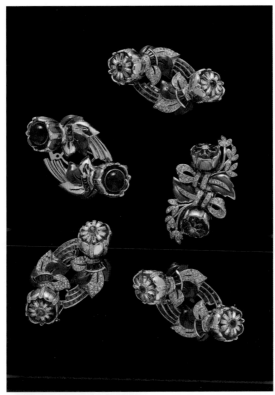

名称
颤抖山茶花双夹

品牌
Coro

年代
1938

质地品类
纯银镀金 \ 合金镀金 \
抛光宝石 \ 莱茵石 \
珐琅彩

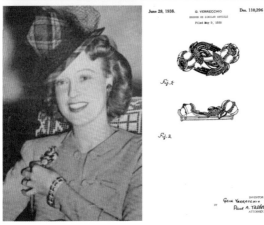

June 28, 1938.　　　G. VERRECCHIO　　　Des. 110,296
BROOCH OR SIMILAR ARTICLE
Filed May 9, 1938

Fig. 1

Fig. 2

INVENTOR
GENE VERRECCHIO
BY
PAUL A. TREBIT
ATTORNEY.

　　1930 年，梵克雅宝发明了隐秘式镶嵌工艺，它能让宝石紧密镶嵌在一起而不露出任何镶爪。1937 年，阿尔弗雷德试着将这一高端珠宝所使用的精湛工艺用于 Trifari，一颗颗小宝石被天衣无缝地镶嵌在一起，宛如一颗大宝石。更为重要的是，它的售价也极为友好，由于 20 世纪 30 年代有据可循的历史资料相对缺乏，我们不妨以 40 年代时装珠宝的价格作为参考：1943 年，美国每个星期的人均工资是 30 美元，Trifari 的纯银树脂胸针"蜘蛛"定价 18.5 美元，而另一知名时装珠宝品牌 Coro 的金属胸针"绽放的百合"售价 25 美元。

一大批从高级珠宝公司出走的知名设计师，包括卡地亚的马塞尔·布歇（Marcel Boucher），在 Trifari、Pennino、Mazer 这样的时装珠宝公司从小试牛刀渐渐地开始大展身手。充满无限创造力的阿尔弗雷德在 Trifari 一干就是 38 年，直到退休，他一路将 Trifari 推向了时装珠宝的第一宝座，成为当之无愧的翘楚，成就了璀璨的传奇；马塞尔·布歇在 Mazer 公司任职数年后，自立门户；犹太裔天才少女米里亚姆·哈斯克尔（Miriam Haskell）和设计师满世界寻找最优质的石材；Coro 已经开始打造最先进的世界级珠宝工厂。与此同时，原本经营高端珠宝起家的 Ciner 也迅速转向了时装珠宝，成为了第一个转向时装珠宝的珠宝公司，而这一决定，也让 Ciner 成为了运营时间最长的百年老字号。

名称
丁香花胸针
品牌
Trifari
年代
1938
质地品类
白银镀铑＼珐琅彩＼琉璃仿托帕石

## 面向阳光，便不会有阴影

　　如果说喧嚣的 20 世纪 20 年代，时装珠宝行业的手工匠人从美国的巨大繁荣中窥见了希望的话，那么灰暗的 30 年代，则让这些敢于创新、不落窠臼的先行者尝到了巨大的甜头，Coro、Miriam Haskell、Jomaz 等时装珠宝品牌各自使出浑身解数，争奇斗艳。

　　在经济低迷的年代，人们特别是女人们需要从灰头土脸中找回一些自信。和战争时期导致的不安全感不同，经济低迷期带给人们心灵上最多的是失望，而失望的心态又最易被转移。在这捉襟见肘的日子里，女人们从来没有放弃过对时尚的追求，对光明的渴望让人暂时忘却了囊中羞涩。在那个对真珠宝可望而不可即的灰暗年代，时装珠宝宛如黑暗中的一束光，让这些试图做出改变的女性们跃跃欲试。

　　不同于 20 世纪 20 年代主要为贵族和富豪们设计的高高在上的胸针，20 世纪 30 年代的胸针图案可谓是一本大自然的百科全书，飞鸟、蝴蝶、郁金香、百合、山茶花……

一股脑儿飞上了女人的胸口，在那一方天地间尽情炫耀。

开始发力的好莱坞电影也开始像一本高端的时尚杂志一样向受众传递最新的时装款式和时尚潮流。然而在那个经济低迷的年代，要跟着这些明星们隔三岔五地"买买买"显然有些吃力，于是，心灵手巧的女性开始自己做衣服穿，时尚杂志就成了她们最好的参照物和教材。

20世纪30年代，女性着装正如这个时代一样起着承前启后的作用。经历了政治和经济的变革和洗礼，服饰更加简化，廓形更加流畅，更加迈向现代社会形态的标准，为之后的女性意识回归以及二战后"新风貌"（New Look）样式的诞生打下了基础。

越是困顿的年代，人们愈发能看清内心，渴望回归自然，回归真我。在这样的特殊时刻，你会猛然体悟到，我们真正所需要的远远比你曾经想要的要少得多，曾经我们认为平庸细碎的日常之物也许才是最弥足珍贵的。

## 对"山寨"say no

作为行业的标杆、时代的弄潮儿，Trifari 一直走在时装珠宝行业的前列。火车的出现让纽约的珠宝很快能流通向全美国，甚至全欧洲。要知道，早在 1884 年，莫泊桑就在他的经典短篇小说《项链》中设计了女主人公马蒂尔德向富太太借来的项链居然是假珠宝的桥段。可想而知，"山寨"并不是不可能。Trifari 开始为产品打标签，申请专利。和 Trifari 同样具有远见的还有 Coro。

1936—1942 年，美国的专利申请数量不断上升，到二战期间下降，1946 年开始恢复，1947—1949 年到达巅峰，1950 年又开始下降。在时装珠宝行业，Trifari 和 Coro 的设计专利申请数量比较多。当然，也并不是对所有的设计他们都会申请专利。另外，有的品牌仅申请少量设计专利，更多品牌压根儿都没有申请过设计专利，比如 Pennino 的产品中只有 4 款申请了设计专利，Mazer、Miriam Haskell、Hattie Carnegie 也都没有申请过。截至 1930 年，美国实用专利申请数量大约有 200 万件，而设计专利只有 10 万件。

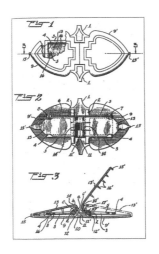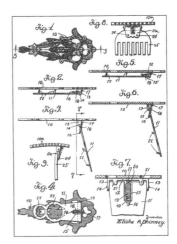

Gaston Candas 为 Coro Duette 二重奏分体式胸针设计了一
个极为精巧的机械装置，既可以一分为二，也可以合并佩
戴，该设计专利生效日期是 1931 年 3 月 31 日，专利序列
号已经排到了 1 798 867。而 Oreste Pennino 的天秤座胸针
设计专利生效日期是 1928 年 8 月 14 日，专利序列号是 76
039。

　　不管在哪个年代，机会永远属于敢拼敢闯、敢于跳出
"温水区"的人，即便尝试失败，凭借足够的底气和勇气
也会东山再起。在经济萧条时期，时装珠宝从业者在探险
和创新之路上大步向前，每走一步，都更为笃定且明朗。

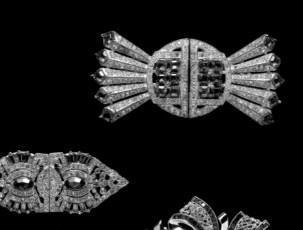

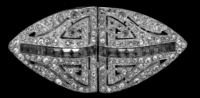

名称
Art deco 装饰艺术风格双夹
品牌
Coro（Coro Duette）\Trifari（Clip Mates）
年代
1930
质地品类
白银镀铑

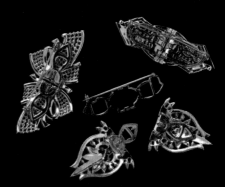

与经济大萧条相悖而行的除了时装珠宝行业，还有电影和音乐产业。正如美国著名导演吕克·贝松曾说的："当我们意志消沉的时候，电影就像是治病解忧的阿司匹林，让我们的视觉感官变得很好。"

干瘪的腰包和看不到终点的经济危机，让电影、音乐、书籍变成了救命稻草：大萧条时期，好莱坞八大影业公司出品了一系列既叫好又叫座的电影：《乱世佳人》《摩登时代》等，也捧红了包括查理·卓别林、凯瑟琳·赫本在内的诸多国际巨星。在喧嚣的20世纪20年代崭露头角的爵士乐也臻于成熟。

在经济不景气的年代，文化艺术犹如在沉寂而无边的夜空中闪着微光的星，让人心生感动与希望。

## 20 世纪 40 年代：现实越黑暗，内心越光明

"释放无限光明的是人心，制造无边黑暗的也是人心。光明和黑暗交织着，厮杀着，这就是我们为之眷恋而又万般无奈的人世间。"

我一直偏爱 20 世纪 40 年代的 Vintage 珠宝，那种极致的美感和年代的黑暗之间的反差每每让我想起雨果在《悲惨世界》里写下的这句话。

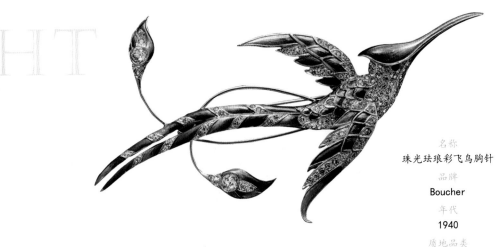

名称
**珠光珐琅彩飞鸟胸针**
品牌
**Boucher**
年代
**1940**
原地品类
**白银镀铑 \ 莱茵石 \ 珠光珐琅**

　　1941 年 12 月 7 日凌晨（夏威夷时间），美国士兵们在爆炸的巨响中惊醒，短短两个小时，日本出动了 350 多架飞机对夏威夷珍珠港海军基地实施了两波攻击，投下穿甲炸弹，并向美国的战列舰和巡洋舰发射鱼雷，2400 人丧生，1250 人受伤。第二天，罗斯福总统发表了著名的"国耻"演讲，正式对日本宣战，美国由此卷入了第二次世界大战。

　　"山姆大叔需要你"——一位硬汉形象的男人注视着你，这张令人热血沸腾的海报为美国动员了 2000 万名军人，当然，征兵的待遇极好，各行各业的热血青年纷纷报名，其中有那些远道而来的欧洲移民，也不乏在好莱坞已经小有名气的演艺明星。

1920 年以前，人工琉璃（Paste）和贵金属被合成制作用来替代珠宝，由于每间珠宝作坊做出的产品金属含量各有不同，所以呈现出来的色泽并不统一，有的深，有的浅，五花八门。于是，从 20 世纪 20 年代开始，一种被称为锅金属（pot metal）的廉价合金，主要是铜铅合金，开始运用在时装珠宝领域，这种金属熔点更低，色泽比银要白。到了 40 年代，由于战略物资匮乏，美国政府明令禁止铜和铂金等基础材料作为民用，因此，大多数时装珠宝公司开始转向使用银质材料，其实，在以前银也曾被使用过，但是相比合金，规模要小得多。二战期间，银成了唯一能使用的金属。Coro 是第一个转向银材质的时装珠宝公司，随后是 Trifari，再之后，大大小小的品牌开始纷纷效仿。

20 世纪 20—30 年代，巴黎还是世界的时尚之都，引领着时尚文化，二战期间，欧洲的珠宝公司纷纷关门大吉，没了参照和模仿的美国只能指望自己了。当然，从欧洲远道而来的设计师和工匠发光发热的时候到了，接受过良好教育和培训的这批技术移民的审美水准也是相当高的。

美国遇袭，使之国民的爱国热情空前高涨，许多工厂都被征用以生产军用物资——子弹以及武器配件等，包括 Trifari 在内的时装珠宝制造工厂也不例外。

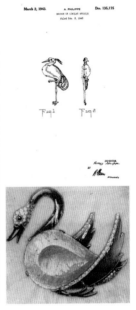

名称
果冻肚皮胸针
品牌
Trifari
年代
1940
质地品类
纯银镀金＼透明
合成树脂＼莱茵石

由于工艺质量声名远播，美国政府把一些生产海军装备的订单给了 Trifari。除了生产军用徽章外，Trifari 还被分配给战斗机安装挡风玻璃。安装时，古斯塔沃发现只要有一丁点瑕疵的飞机玻璃就会被直接废弃，精明的他有了一个天马行空的想法："这种玻璃材料是否可以进行加工，拿来做首饰呢？"他兴高采烈地找到天才设计师阿尔弗雷德·菲利普。经过一番巧思，这些玻璃边角料经过圆形切割，诞生了各种生动轻盈的近似水晶的造型，阿尔弗雷德·菲利普还利用这种"水晶"设计出了各种精致可爱的动物肚皮，这些动物有青蛙、公鸡、小鸟、企鹅、贵宾犬等，"果冻肚皮"系列立刻圈粉无数。同时，善于审时度势的 Trifari 还推出了美国国旗和红白蓝色的爱国徽章，并获得好评。

20 世纪 30 年代，从高级珠宝公司出走的大牌设计师们还在观望、犹豫不决，到了 40 年代他们便彻底"放飞"了。敏锐的 Trifari 捕捉到了人们对和平与美好生活的向往，在日常首饰设计中增加了很多明快温暖的款式。大大小小的时装珠宝公司火力全开，他们不得不尝试使用更多的材料：陶瓷、木头、皮革、塑料、纤维织物、珐琅彩、莱茵石、人造石等。

战争让这些时装珠宝品牌积累了一大笔资本，用于材料的研发和工艺的精进。要知道，二战期间，美国的徽章需求量多达四五亿枚，但凡能从中分得一小杯羹就足矣。

1947 年 7 月底，古斯塔沃在 Trifari 夏秋季新品发布之季宣布，他们发明了"永不褪色的合金"——一种模仿黄金的金属混合物，整个珠宝界一片沸腾。

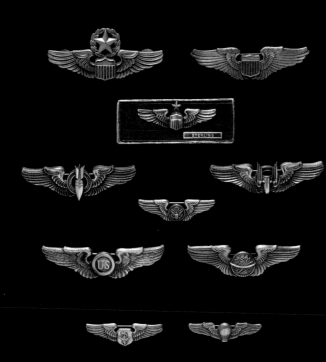

名称
美国空军二战军用徽章
年代
1939—1942

质地品类
银 \ 镀金

名称
英国皇家空军二战军用徽章
年代
1939—1942

质地品类
银珐琅彩

## 好莱坞明星纷纷代言

　　两次世界大战给全人类带来了巨大的灾难，但却意外地为现代科学技术的发展创造了契机。名噪一时的二战期间的"波兰三杰"：杰尔兹·罗佐基、马里安·雷耶夫斯基和亨里克·佐加尔斯基便出现于这一时期，他们成功破解了德国人在1926年大规模使用的号称"天书"的恩尼格码（Enigma）密码。二战后，受塑料产品需求的拉动，石油化工业快速发展。

　　第二次世界大战后，各国在混乱中一头扎进了战后重建的大潮，战败国日本和德国的日子尤其不好过。美国的工业制造能力与日俱增。大西洋彼岸的欧洲，刚从一战的废墟中走出来喘口气，又陷入了二战的泥沼。被誉为"欧洲的铁匠"的德国彻底放弃了珠宝生产，全身心地投入了军工产业。世界时尚中心也从巴黎转向了纽约。

　　由于原料紧缺，1942年，美国战时生产委员会（又称军工生产委员会，简称WPB）颁布了一项规定：每件衣服都必须更短更紧。好钢得用在刀刃上，相关材料将用于战争，女性服饰上那些花枝招展的褶皱、裙摆，还有那些累赘的装饰统统不能保留。于是"狭窄的轮廓"流行起来，裙摆上升到膝盖以下。万万没想到，职场女性必备的铅笔裙和A字裙居然是为了节省布料而发明的。

丈夫去战场，下车间组装零件的活儿也少不了女性的参与，于是，裤装变得更为普及。即便不下车间，为了给国家省点布料，手巧的主妇翻遍丈夫的衣橱，将裤子和夹克改制后上身，舒适又时髦。衣服可以硬朗点、简单点，但是发型不能将就，女人们把酷飒的短发又开始留长，烫成精致的"胜利卷"，层叠在肩膀上或向颈后垂着，这也成为近十年来最具标志性的发式之一。

战争让不少人有种劫后余生的幸运。当2000万美国将士归来，他们更加坚信生命无常，得及时享乐。900多万军人亟待转业，但转业军人的待遇非常优厚，他们可以工作，可以上大学，还享有医疗保险，这些人便是即将登场的中产阶层。

现实越灰暗，内心就越向往光明。电影工业则把快乐变成了可供购买的廉价商品，把电影院变成了黑暗的庇护所。从经济萧条的20世纪30年代开始崛起的好莱坞电影在40年代渐入佳境，并在二战结束后的1946年达到巅峰，

名称

"甜心"胸针

品牌

Trifari

年代

1939—1942

质地品类

纯银镀金 \ 白银镀铑 \
莱茵石 \ 珐琅彩

20世纪40年代中期，电影工业最发达的时候，好莱坞电影公司每年制作近400部电影，相当于每天制作一部。每周平均有9000万人走进影院，要知道那时美国总人口才1.3

亿。好莱坞电影在 40 年代进入了黄金时代，流淌着绚烂的光与影的浪漫。

"上帝一不小心喝醉了，于是天堂里的天使们纷纷降临尘世。"有这样一句话来形容这个电影的黄金时代。

除了盛产电影，那个时代的好莱坞也盛产美女。费雯·丽便是降落尘世的天使之一。1939 年，这位来自英国的美人儿凭借历史上全球票房最高的影片《乱世佳人》俘获了无数影迷，她那双祖母绿色的眼眸，像猫一般聪慧又狡黠的神情，连英国首相丘吉尔都情不自禁地说："不，我要远远地欣赏上帝的杰作。"当英国士兵在沙场上浴血奋战，需要鼓舞士气的时候，费雯·丽的出现让这些男儿们热血沸腾。她所佩戴的爱国胸针也红极一时，并有了一个甜美的名字——甜心胸针。

在那个电影的巅峰时代，好莱坞之于时尚以及大品牌的巨大影响力，至今仍无法逾越。甚至，大牌巨星能左右品牌发展的方向。

迷人的金发女郎与无可挑剔的珠宝品位，一时间成为好莱坞魅力的缩影，卡地亚、梵克雅宝、Mauboussin、Paul Flato、Verdura 等高级珠宝品牌让好莱坞女星们趋之若鹜。然而，频繁出入社交场合，珠宝自然也得不断地更新换代，

于是，价格更为平民的时装珠宝成为时尚嗅觉灵敏的好莱坞女星们的上佳选择。

荧幕之外，女人们也不甘示弱，开始模仿电影里女明星的穿着打扮，电影海报、时装杂志成了人手必备的"时尚指南"。于是，好莱坞明星"带货"模式开启，琼·克劳馥便是时装珠宝品牌 Miriam Haskell 当之无愧的代言人。好莱坞和时装珠宝捆绑，成了双赢的选项。当然，时代弄

潮儿 Trifari 又怎会缺席？20 世纪 30 年代，Trifari 打入了好莱坞，和制片人一起为好莱坞明星们量身定制时装珠宝。和众多真珠宝以及时装珠宝品牌一样，Trifari 知道，这是一块巨大的蛋糕，绝不能错过。

名称
皇冠 & 骑士剑组胸针
品牌
Mazer
年代
1947
质地品类
纯银镀金 \ 仿莱茵石

1940 年的美国街头

1946 年，人们在舞蹈节上起舞

二战期间

# 20 世纪 50—60 年代：货真价实的黄金时代

"美国工厂的烟囱比日本的树还多。"

日本海军联合舰队司令官山本五十六在谋划偷袭美军珍珠港之前，曾这样警告日本，美国是一个工业巨人，一旦被惊醒，后果是非常可怕的，所以战争要速战速决。

如果说 20 世纪 20 年代的美国刚步入工业化社会，准确地说应该是浮华的"镀金年代"，那么 50 年代的美国堪称真正的工业强国，60 年代更是走向了空前大繁荣，步入了货真价实的"黄金年代"。谈着恋爱的年轻人开始自驾去尼亚拉加大瀑布旅行，时髦的姑娘们玩上了皮划艇，中产阶层家里的装修已经极为花哨。

从二战沙场凯旋的美国大兵获得了良好的社会福利，幸福指数暴增的大兵夫妇以及诸多美国百姓也顺势启动了"造人计划"，从二战结束后的1946年至1964年，美国迎来了"婴儿潮"时代，这18年间美国新出生人口多达7800万。出生最高峰时期，平均每10秒就有1个婴儿出生，每天将近有9000个新生婴儿，每年有近350万新生婴儿。随着婴儿潮人口的成长，美国的经济步入了令人眩目的成长期。

大批中产阶层出现，普罗大众的现实版"美国梦"成真：在50—60年代的美国，一位学校老师、面包店师傅、销售员或者修理工仅凭工资，就可以买下一栋房子和两辆汽车，养活四五个孩子，中产阶级家庭的女性基本上为全职太太。战后三十年，美国创造了庞大的中产阶层，在那段时间，美国工人的收入增长了一倍，而美国经济规模也扩大了一倍。

而如今，"只靠一个人能养活整个家庭，享受舒适生活"的"中产阶层梦想"早已终结。

品牌
**Trifari**
年代
**1958**
质地品类
**合金镀金 \ 仿珍珠**

## 塑料也能做珠宝

未来学家杰里米·里夫金曾总结过，一场声势浩大的以化石燃料（煤炭、石油和天然气）为基础的第二次工业革命，塑造了社会政治与经济的新体系和新的世界格局。而两次世界大战却意外地成为影响深远的众多科技成果的孵化器。第二次世界大战前夕至20世纪40年代末，美国石油化工在芳烃产品生产及合成橡胶等高分子材料方面取得了很大进展。20世纪50年代，塑料的原料以石油取代了煤炭，从石油中提取的PVC、聚苯乙烯和聚乙烯逐渐完成商业化。当时，美国已成为石油行业的世界霸主。

在那个科技与经济空前发展的年代，需要大量便宜的原材料和中间产品，而石油化工领域的最大成就之一就是塑料的应用。可塑性强、成本低使得现代塑料替代了从早期文明以来就一直使用的最常用的原材料，它的广泛推广改变了人们的生活方式，改变了城市和住宅的构建方式，也改变了人类与周边事物的关系，它也使得生活中很多东西都便宜了很多，包括时装珠宝。

　　尽管塑料的轻薄质感在现在看来难免缺少高贵感，但是在当时那个年代，塑料是备受欢迎的时尚材料，而且价格高昂。就像中国 20 世纪 70 年代风靡一时的"的确良"面料，按今天的眼光看来，全棉制品是高级材质，可在多年前则恰恰相反，那时化纤布料刚刚进入市场，价格比棉质布料要贵不少，参照当时普通人家的生活水平，拥有一件的确良衬衫简直就是奢侈品，而谈恋爱时送姑娘一条的确良裙子绝不亚于今天的一只高档手镯。

　　20 世纪 50 年代的美国，经济繁荣，民众生活水平快速提升，服装和配饰也都变得色彩明快，五彩斑斓。为了满足更多女性对珠宝的需求，时髦的新型材料——塑料也被逐渐应用于时装珠宝领域。塑料极强的可塑性使得时装珠宝的题材琳琅满目，时装珠宝切换成绚丽奢华的新画风。铸模、电镀、切割和玻璃工艺方面的革新也大幅度提高了时装珠宝"珠光宝气"的程度，但不可避免的是满满的廉价感。

品牌
Hattie Carnegie
年代
1950—1970
质地品类
赛璐璐

## 曾经的世界工厂

这边，美国经济在腾飞，那边，刚从二战的废墟中跟跟跄跄站起来的欧洲一头扎进了新一轮的战后重建中，而重建所需的真金白银都得仰仗美国。二战中积累了雄厚资本的美国源源不断地给欧洲"输血"，竭力在大西洋彼岸拉帮结派，"马歇尔计划"应运而生。

欧洲人将大多数来自马歇尔计划的援助资金用于进口美国生产的商品。在计划实行的初期，欧洲国家将援助大多用于进口急需的生活必需品，例如食品和燃料，随后大宗进口的方向更多转向了用于重建的原材料和产品。如此一来，美国俨然成了世界工厂，全世界都从美国"买买买"，这也是促成美国经济大繁荣的重要原因。时装珠宝行业当然希望降低成本、加大批量生产，但因为有大牌设计师坐镇和手工匠人的努力，这一时期的珠宝自然而然地诞生了很多精品，比如在 20 世纪 60 年代 Trifari 回归珍珠珠宝的设计与制作，这一时期，Trifari 推出了大批品相和艺术感极佳，既经典又现代的珍珠珠宝。

向外太空出发。在繁荣而富足的 20 世纪 60 年代，野心勃勃的美国开始了对海洋和外太空的探索，启动了代号"阿波罗"的登月工程，从 1961 年至 1972 年间共发射了 11 次载人宇宙飞船。而时装珠宝当然也追逐着潮流推出了以贝壳以及各种海洋生物为主题的设计，最具代表性的当属在意大利那不勒斯诞生的品牌宝格丽（Bulgari）。对外太空探索的热情甚至使得一些时装珠宝的设计弥漫着满满的未来感，新颖、有趣而且平价使得 20 世纪 60 年代的时装珠宝年轻且充满活力。

## 与欧盟前身的缘分

政治、经济、科技、文化都与时尚交叉融合、水乳难分。说到这儿，不得不提一段尘封许久的往事：1951年4月，饱受战争之苦的法国、德国同意大利、荷兰、比利时、卢森堡在巴黎签署了《欧洲煤钢共同体条约》，1952年，欧洲煤钢共同体——欧盟的前身正式成立。

对于法、德这两个"相爱相杀"几百年的邻居来说，煤钢联盟是一个重要的转机，他们签订协议：永不交战，相互扶持。作为外交手段，工艺精湛、口碑极好的德国老牌家族企业 Henkel & Grossé 于1955年开始了和法国著名时尚品牌迪奥（Dior）的合作，并成为迪奥珠宝的全球独家授权生产商。1907年在德国珠宝饰品重镇普福尔茨海姆诞生的 Henkel & Grossé 于1937年的巴黎首饰博览会上获得了"最高荣誉奖"（Diplome d'Honneur）。在与迪奥合作之前，Henkel & Grossé 就和浪凡（Lanvin）以及被香奈儿（Chanel）视为劲敌的高级定制时装品牌 Schiaparelli，还有伦敦哈罗德百货合作。1945年，普福尔茨海姆曾在二战

名称
天然石植物系列
品牌
Henkel & Grossé
年代
1960
质地品类
合金镀金 \ 天然石

的空袭中被夷为平地，Henkel & Grossé工厂的工人们从工厂原址的地窖里挖掘出一些旧机器和剩余金属，重新恢复生产。就在两位创始人一筹莫展时，两个国家之间的合作项目让他们绝处逢生。之后的五十年间，Henkel & Grossé成为了迪奥全球独家御用生产商，和迪奥一起出品过许多联名款首饰，时至今日，在进行 Vintage 收藏的时候，我发现他们许多的首饰都是同款的。在迪奥的历史轨迹中，这样一项长期合作是史无前例的。然而令人叹息的是，2006年，Grossé家族决定退出连续四代经营的百年家族事业，Henkel & Grossé品牌被收归于迪奥麾下。

## 初 "芯" 的萌动

　　和人潮涌动、繁华喧嚣的美国东部相比，美国西部则要冷清得多，直到一些不安分的天才少年陆陆续续在圣克拉拉县周边的出租屋和汽车库房里鼓捣出一些小公司。

　　1957 年 10 月，八位叛逆少年在瞭望山下的一间出租屋里成立了仙童半导体公司，两年后，八位仙童之一，麻省理工学院物理学博士毕业的罗伯特·诺伊斯（Robert Noyce）发明了单片集成电路技术，以半导体材料和集成电路技术为基础的芯片就此诞生。美国随之进入了以电子、航空航天、核能为代表的第三次工业革命时代。仙童半导体公司为硅谷孕育了成千上万名技术人才和管理人才，并有"电子、电子计算机界的西点军校"之称。1968 年，罗伯特·诺伊斯和戈登·摩尔（Gordon E. Moore）离开仙童半导体公司，创立了英特尔公司，并将存储器和处理器确立为核心业务，两年后，英特尔公司发布了世界上第一款商用动态随机存储器（DRAM）芯片 C1103，并于次年发布了第一批 EPROM 存储器，型号为 1702 和 2716。信息社会的雏形已经悄然出现。

曾经以农业生产为主、盛产大樱桃的硅谷成了像罗伯特·诺伊斯这样不安分的天才少年的大本营。而硅谷也在不断的创新中变化，20世纪60年代硅谷的主导产业是半导体，70年代是微处理器，80年代是软件，90年代则是互联网。

年轻人在西部开始了反叛，他们反叛信息的垄断，追求平等，他们相信世界是平的。从农业社会步入工业社会，从工业社会步入信息社会，他们对平等的呼吁越来越强烈，而这种反叛也很快地向整个美国蔓延。

如果说20世纪50年代的时尚特性可以用制式、套装、消费主义来形容，那么60年代则是宣扬个性、放飞自我的摇滚年代。

刚走出战争阴霾的20世纪50年代，时装珠宝和服饰品牌重新回归优雅端庄，但是在价格上更为亲民，各成衣公司纷纷模仿高级定制时装缝制出的平价服饰更是令时尚潮流在民间快速发酵，百货商店中出售的成衣大约6~10美元一件，对广大中产阶级家庭来说毫无压力。

但到了60年代，优雅端庄的50年代时装被视为老古董。一群在自由、进步、变革的年代中成长起来的年轻人厌烦了父母保守的装扮，他们要的是个性与身体解放。短小、直筒的中性风服饰在青年群体中流行开来，香奈儿以及巴黎世家的服装样式被青年群体丢在脑后。小伙子留起了长发，穿上皮夹克、牛仔裤、机车靴，听着激昂的摇滚乐，自由洒脱的社会风气被瞬间点燃。与此同时，嬉皮士文化蔚然成风，T恤、低腰裙、喇叭裤、印花头巾成了嬉皮士的标配，他们在披头士乐队和鲍勃·迪伦的吼叫中发泄，他们宣称要与传统决裂。

人字拖、彩色紧身裤都在20世纪60年代首次亮相，混搭并足够个性是20世纪60年代的时尚口头禅。20世纪60年代中期，从小混迹于英国街头的时尚达人玛莉·官（Mary Quant）勇敢地剪短了裙子，首度以迷你裙装扮亮相。从此，迷你裙从英伦出发，逐渐风靡全球，至今都是潮人街拍必备服饰。

服装和配饰一直以来都是宣扬自我最直观的"武器"，就像被传为佳话的好男人——美国Meta公司（曾经的Facebook）创始人兼首席执行官扎克伯格，好似永远穿着数年不变的圆领灰T恤，而"苹果教父"乔布斯的行头，从1989年至2010年，始终都是黑色衬衫加牛仔裤。显然，相比"华尔街之狼"的杀气十足，这样的装扮更容易让他们成为众生平等的代言人。

珠宝也是如此。20世纪60年代，人们攀比的不再是谁戴的宝石更大更贵，而是谁更明媚、更自由、更摩登、更有范儿。

20世纪50年代的
美国家庭

20 世纪 50 年代，身着时髦服饰的女性

# 20 世纪 70—80 年代：反叛与迷失，未来已来

1969 年 7 月 21 日凌晨 2 点 56 分，39 岁的美国宇航员尼尔·奥尔登·阿姆斯特朗将左脚小心翼翼地踏向月球表面，接着鼓足勇气把右脚也踏上。他说道，"对一个人来说，这是一小步；对人类来说，这是迈出了一大步。"

这对美国乃至全世界而言，是一个巨大的鼓舞。人类简直所向披靡，都能飞向外太空了，还有什么是不可能的？

社会发展势头强劲，而这一切也必将反映到时尚的洪流中。

如果说越南战争是肉眼可见的外部战争，使得美国在经济、政治、文化等方面都付出了巨大的代价，那么生产动力的变革、工业社会向信息社会的迈进所引发的又是另一场战争——看不见的战争、没有硝烟的战争：与传统决裂，与权威对峙，与垄断抗衡。谁都无法在这场战争中冷眼旁观，时尚界和珠宝界即使没有被潮流裹挟着前进，也必须有所回应。

## 最令人回味的 20 世纪 70 年代

　　20 世纪 70 年代是时尚历史上最令人回味的年代之一，也是最有趣的十年。从自由反叛的嬉皮风、劲爆的摇滚风到金光闪闪的迪斯科风和浪漫不羁的波希米亚风，这十年浓缩了许多标志性的风格，无论哪种风格，舒适、自在是共性，这是一个穿着只为取悦自我，毫无束缚的年代。

　　70 年代，是用音乐和时尚来表现对社会的反叛精神的朋克时代，好似刚刚得到解放的脱缰野马找到了属于自己的草原般自由，时尚的气息随处可见。70 年代诞生了太多前所未有的潮流，高贵、典雅、正统的高级时装在此时已经举步维艰，取而代之的是更为激情、大胆的装束。深 V、露脐装、透视、阔腿裤、喇叭裤……在 70 年代纷纷"揭竿而起"，成为引领时尚的标志，在当时甚至直到今天，都未曾褪色。

　　"朋克教母"薇薇安·威斯特伍德（Vivienne Westwood）将朋克风引入时装界，成功地将反叛文化转变为主流，撕口子、挖洞洞的 T 恤上印着反叛标语，金属挂链、渔网丝袜、铆钉小脚裤全拜她所赐。70 年代意味着安迪·沃霍尔的那些波普染色照，怎么撞色都随你；70 年代意味着夸张视觉艺术的黑白条纹与绚丽彩虹条纹；70 年代还意味着性别革命，名媛们穿起了像男士西装一样的"吸烟装"。

而在遥远的东方，80 年代初，日本时尚慢慢发酵，这必须感谢两位设计师：川久保玲和山本耀司。这股来自东方的颓废、极简甚至破败中又流露出一丝诗意的美学浪潮让欧美时尚界不知所措，破碎、撕裂、解构、不对称、男友风、缝缝补补、未加修饰的毛边、抽绳等打乱了整个时尚界的规则。

在这样一个纷繁复杂的年代，曾经精耕细作的时装珠宝公司变得无所适从，他们绞尽脑汁去贴合时尚，去迎合特立独行的年轻人，他们推出了带有异域波希米亚风及闪瞎眼的迪斯科风时装珠宝，却最终被更花哨、更廉价的新兴品牌杀了个措手不及。

60 年代，当 Marcel Boucher、Henry Schreiner、Hatti Carnegie 这几位创始人纷纷辞世，时装珠宝逐渐走向衰退。1968 年，在 Trifari 奉献了长达 38 年的青春后，68 岁的天才设计师阿尔弗雷德·菲利普退休，于两年后去世。1975 年，三位合伙人的儿子将这一时装珠宝界的行业标杆、当之无愧的复古头牌出售给了 Hallmark 集团，这是一个令人心酸的时刻，它不仅是 Trifari 的遗憾，更意味着整个时装珠宝行业的沦陷。四年后，曾经一度占领市场份额最大的 Coro公司也关门大吉。再过两年，曾经一度风生水起的 Jomaz品牌倒闭。当这些行业标杆倒下，时装珠宝产业像多米诺骨牌一样逐步坍塌。

需要手工匠人精耕细作的时装珠宝慢慢地无人问津，在追求量产、追求性价比、盲目迎合中走向了没落，取而代之的是流水线大批量生产出来的首饰，够闪、够亮，足矣。没有了精雕细琢和历史沉淀，剩下的只有惨白的珠光宝气，失去了灵魂，也没有了温度。

20 世纪 80 年代，社会繁荣发展，经济快速增长，女性主义思想萌生，女性追求男女平等，崇尚自由民主和思想解放。巴黎、纽约的街头开始出现身着套装的"御姐范儿"白领，锁骨处佩戴着一条光彩夺目、造型夸张的宝石项链，西服上的大垫肩气场强大，为了配合大垫肩，发型得用摩丝打理得如同绽放的花朵一样，越醒目越好。人们拒绝传统的名贵珠宝，欢迎自由和富有幻想力的时尚首饰。

越大越突出成了 80 年代最具有影响力的造型，夸张、树脂、彩色，构成了欧美 80 年代浮夸风首饰的关键词，五颜六色的塑料大圈耳环和超大手镯成了明星和潮流人士的

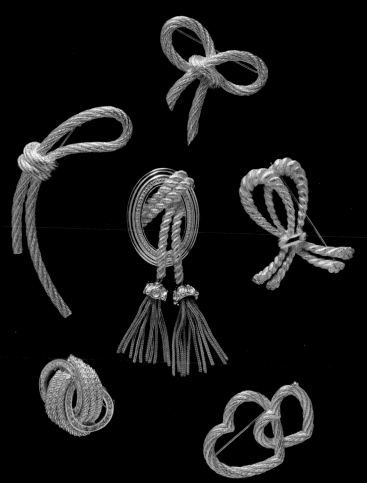

名称
绳结系列
品牌
Dior
年代
1970—1980
质地品类
合金镀金

标配，这样的装扮频频占据当时各大时尚杂志的版面。而曾经精致细微的胸针，款式也变了：必须大得霸气，大得醒目。摇滚、重金属、十字架、骷髅头……属于 80 年代的激情一度在时装珠宝中华丽复活，但最终都成了过眼烟云。

时尚潮流兜兜转转，循环往复。80 年代珍珠珠宝卷土重来，而这必须得感谢一位超级时尚偶像——英国的黛安娜王妃。"女人如果只能拥有一件珠宝，必是珍珠。"这句话足以证明戴安娜王妃对珍珠的热爱。另外，还有一位不得不提的"百变女王"——麦当娜，单侧耳环、超酷十字架、皮手链、五指蕾丝手套，即便在今天，她这样的搭配都绝对够时髦，在胸前层叠佩戴珍珠项链也让优雅的珍珠平添了些许坏坏的痞气。

文化、艺术、历史甚至政治都与时装珠宝的起起落落有着千丝万缕的关系。回望历史，反观时尚，不免叹息，那个有情怀、有温度、百花齐放的时装珠宝的黄金时代已一去不返，那个无论在困顿还是辉煌的日子里对美的不懈追求、对一个时代的记录与怀念永远定格在每一枚触动人心的 Vintage 珠宝里，它们散落于世界各个角落，且遇见且珍惜！

你有缘遇见的，不是一件冰冷的首饰，而是一段历史、一场命中注定。

当改革开放的大门大开，中国开始了与时尚的接轨，人们就像发现了一个新的世界，时髦的年轻人开始穿上喇叭裤、健美裤、露脐装，烫起"爆炸头"，跳起"流里流气"的霹雳舞。

1986 年，崔健在北京工人体育馆嘶吼般地唱出了《一无所有》，喊出了中国摇滚第一声。

未来已来。

20 世纪 70 年代，摇滚乐队演出

20 世纪 70 年代，正在聚会的高中女生

20世纪70年代流行的发型

20世纪70年代，参加集会的人们

20世纪80年代，身着休闲服饰的人们

FASHION

FAR-REAC

INFLUEN

第二章

# 影响深远的
# 时尚文化

WHY THE MIN
DYNASTY

# 为什么是"明"

在中国漫长而灿烂的历史中，为何中国的明朝令西方时尚趋之若鹜？Vintage 珠宝世界的王者——Trifari 于 20 世纪 40 年代初推出了 Ming 系列胸针，款式包括明艳红绿色搭配的狮子、斧头、颇具禅意的垂柳、宝塔等，在半个多世纪后的今天，罕见的 Ming 系列价格一路飙升。在另一品牌 Coro 推出的东方人物系列胸针中，人物所穿的服饰也是明朝时期的着装。为何偏偏是明朝，而不是盛世大唐或者清朝？

我认为，第一，明朝时期中西方文化与贸易的交流愈加频繁，增进了彼此的了解。明朝著名航海家郑和率领当时世界上最强大的船队"七下西洋",远涉亚非30多个国家和地区,通过海上丝绸之路推行经贸,促进了文化交流。而在1498年,葡萄牙航海家达·伽马发现了从欧洲绕过好望角抵达印度的航线。1577年,葡萄牙人在澳门立足,荷兰东印度公司紧随其后,来到了远东。

第二,此时的欧洲,文艺复兴正萌芽,西方人对遥远的东方文化充满好奇,马可·波罗在他的游记中更是构造了一个富庶的东方——"连屋顶都铺着金子",此书成为欧洲人了解中国及亚洲的重要来源,对之后哥伦布航海产生了深远的影响。后来,这种对神秘东方的好奇逐渐因欧洲文化步入全盛以及清朝的故步自封而消失殆尽。

那么,令Vintage藏家垂涎欲滴的Ming系列到底好在哪里?在我看来,Ming系列并不完全都是明朝时期的风格,某些作品其实有着浓郁的清朝特色。但管中窥豹,无论是否正确再现,至少是大胆的尝试,更是来自西方设计师对中国文化的敬意。设计师的高明在于成功抓取了最具明朝代表性的色彩和元素。一开始,在看到Ming系列中居然有骆驼胸针时,我曾觉得是张冠李戴,直到有一天我去明孝陵参观,发现神道石刻中居然有巨大的骆驼,我才意识到骆驼对明帝朱元璋曾有着重要意义,而在明清之战中,骆驼也曾作为攻防武器使用。那时我豁然开朗,并惊叹于Ming系列的设计师对中国历史的了解与认知。

名称
"Ming" 系列

品牌
Trifari

年代
1942

质地品类
纯银镀金 \ 珐琅彩

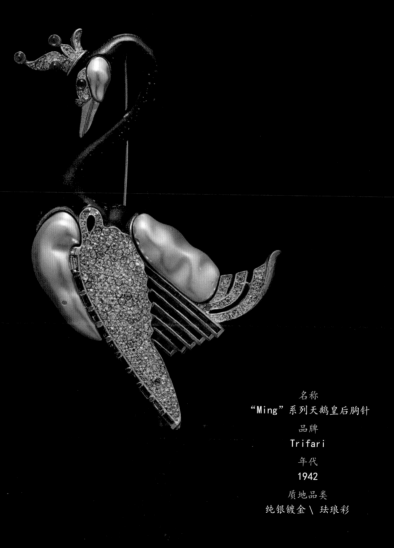

名称
"Ming" 系列天鹅皇后胸针
品牌
Trifari
年代
1942
质地品类
纯银镀金 \ 珐琅彩

## 谍影重重的"白色黄金"——瓷器

瓷器被誉为"白色黄金",欧洲人对中国瓷器的痴迷一度不亚于对黄金白银的追求。明朝时期,随着航海技术大发展,对外贸易频繁,明末清初时期,每年至少有上百万件中国瓷器行销到西方,成为欧洲王公贵族和上流社会的时尚用品。18世纪时,中国的瓷器在欧洲被视为珍玩,只有在欧洲的宫廷中才拥有较多的瓷器陈列与收藏。法国国王、自诩"太阳王"的路易十四专门在凡尔赛宫中修建了一座"瓷器宫"用来陈列中国瓷器。而路易十五的爱妃蓬皮杜夫人,甚至主办了塞夫勒瓷器工厂用来烧制中国风格瓷器。波兰的奥古斯都大帝,也是中国瓷器的铁杆粉丝,在那个军队比金子还贵的年代,他曾用全副武装的 600 名近卫骑兵向波斯商人交换 48 件中国瓷花瓶。我曾在意大利参观名门望族美帝奇家族的乡间别墅,欣赏到了当时他们大手笔买下的上好中国瓷器和中式家具。要知道在当时,明朝的瓷器和家具等同于身份与见识,是用来装点门面的。

到了清朝，许多外销瓷器上的纹饰图案是中国绘瓷工人依照外商从欧洲带来的样品绘制的，于是我们会在一些外销瓷器上看到波斯猫、西方宗教故事、风俗画等图案。

在欧洲人眼中，中国瓷器充满魔力，具有不可言喻的神秘感，在巨大的市场需求下，他们更绞尽脑汁地想破译制瓷的技术。关于瓷器的材料，马可·波罗在他的游记中曾写道："陶瓷是由一种土制成，任凭风吹日晒个把月，再埋上数十年，就能制造出精美的瓷器了。"不过，也有一些人另辟蹊径，给出了不一样的猜想：瓷器一定是用蛋壳和龙虾壳做成的，所以才会有清脆的质感。

16世纪中后期，美第奇家族的法兰西斯科在佛罗伦萨的鲍博利公园专门建窑，模仿烧制中国瓷器，从出品的造型、釉色上看已经十分逼真，但由于试制困难重重，又耗费了巨大的财力，1587年，法兰西斯科去世后，美第奇家族的陶瓷生产才停止。美第奇家族仿制中国瓷器虽然失败，却开启了先河，一时间荷兰、英国、法国、德国纷纷开窑建厂，试图破译中国瓷器生产的秘密。各种尝试均失败后，欧洲人不得不派来传教士、商人到中国从事情报活动，以获取制瓷技术，其中最著名的就是法国国王路易十六派来的佩里·昂特雷科莱——一个高鼻子、深眼窝的法国人，中文名殷弘绪。殷弘绪因向康熙皇帝进贡了葡萄酒令龙颜大悦，从而获得了在景德镇的居住权，他想方设法学习观察窑场

名称
**青花小动物系列胸针**

品牌
**Trifari**

年代
**1967**

质地品类
**合金 \ 珐琅彩**

各道工序，潜伏了足足十年后，针对中国各类瓷器的技术特点、原料和制造流程，整理成两封书信，并写下《真·瓷器制作最全攻略》，寄回法国，这两封书信内容涵盖广泛，是全面了解康熙后期景德镇陶瓷制作工艺的重要资料。50年后，法国人终于在利摩日找到了高岭土，成功烧制出瓷器，随即传遍欧洲各地，直到高温技术和冶炼技术都非常成熟的德国梅森工厂的一名科学家成功烧制出欧洲第一代瓷器，制瓷技术彻底被破译。因瓷器业大规模发展，许多工厂雇用了上万名来自边远地区的农民，从这个角度来看，它大大促进了欧洲工业化发展的进程。

名称
中国龙胸针
品牌
**Boucher**
年代
**1940**
质地品类
纯银镀金 \ 白银
镀铑 \ 莱茵石

## 改变世界的茶时尚

　　1745 年 9 月 12 日，瑞典哥德堡港口，人们在码头翘首期盼航海英雄凯旋。瑞典东印度公司的特级商船"哥德堡号"从中国广州归来，满载着 700 吨瓷器、茶叶和丝绸，眼看还有 900 米就要靠岸了，然而，就在一片欢腾中，哥德堡号撞上了暗礁，在家门口沉没。

　　这艘见证了古代海上丝绸之路兴盛的商船和船上三分之二的货物长眠海底二百余年。直到 1984 年，在瑞典一次民间考古活动中，人们发现了沉睡海底的哥德堡号残骸，打捞出来的 300 多吨茶叶全部产自清朝乾隆年间，其中有一些用锡罐密封着，开罐后居然茶香扑鼻，更不可思议的是，冲泡后甘醇依旧。

茶叶刚进入欧洲时，欧洲人并不知道如何泡茶，反而将茶水倒掉，吃茶叶本体。当他们知道如何饮用后，饮茶便成为欧洲人日常生活中不可缺少的内容。欧洲最早的饮茶文化出自英伦三岛的贵族之中，后来英国的凯瑟琳公主嫁到了葡萄牙，将这种文化带到了欧洲大陆，因此欧洲对茶叶的需求越来越大了。

当时，英国商人派出了一位名叫罗伯特·福钱（Robert Foturne）的园艺师来到中国，为了不显得太招摇，他穿上了长袍大褂，头发上还缝了一条假辫子，他找准时机偷偷地将茶苗、茶籽运往英国的殖民地——印度，英国从此开始在印度大规模种植茶树。这位叫福钱的茶叶大盗偷走了全世界最受欢迎的饮品，也因此改变了世界历史。

瓷器、茶叶、家具、丝绸等，这些远渡重洋的器物满足了文艺复兴时期的欧洲对遥远的东方国度的向往，也逐渐揭开了中国神秘的面纱。后来，异想天开的时尚设计师们纷纷尝试着从中汲取设计灵感，并进行了异彩纷呈的演绎，像万花筒般投射出一个欣欣向荣的东方王朝。

TWO INDIAN

TEMPERAMEN

# 两种不同的印度气质

Trifari 在推出雍容华贵的印度瑰宝系列首饰后又推出了莫卧儿（Moghul）系列首饰，此系列如今已成为 Vintage 时装珠宝众藏家竞相收藏的稀世珍宝。莫卧儿帝国——印度最后一个封建王朝，印度历史上疆域最广阔的庞大帝国，它的兴衰过往延续了三百余年。印度风格是 Trifari 设计师阿尔弗雷德一直以来最感兴趣的题材之一，莫卧儿系列将浓郁的印度风情与多元文化特征展现得淋漓尽致。

细心的你或许还会发现，即使设计师采用的都是大红大绿的撞色，但是 Trifari 于 1965 年推出的印度瑰宝系列和

1949 年推出的莫卧儿系列却散发出完全不同的气质。在莫卧儿系列中，你会发现每一条项链上的珠子基本上都是同样大小的，设计师只是在几何图案和排列组合，以及色彩上下功夫。因为伊斯兰教主张，宗教无优劣贵贱之分，人类无论是否信仰同一宗教，都要以平等的态度相待。

另外，我们还会在莫卧儿系列中看到马、孔雀、蝴蝶、公鸡、大象等动物形象，这在首饰设计中也是较罕见的。莫卧儿系列试图呈现印度教和伊斯兰教的交融——这正是莫卧儿帝国最鲜明的特征之一。而这种文明与宗教的交融得从帝国建立的历史说起。

## 突厥王子建立的帝国

突厥——骁勇善战的马背上的民族，6世纪中叶兴起于阿尔泰山地区的一个游牧部落。1362年，出身突厥贵族的帖木儿与内兄、赫拉特领主迷里忽辛起兵反抗东察合台贵族，通过扶持傀儡哈比勒沙的方式分治河中。1370年夺得西察合台汗国政权，自称"大埃米尔"，定都巴里黑，建立帖木儿帝国，后迁都撒马尔罕，改称"苏丹"。1404年，横扫欧亚大陆的帖木儿率20万大军准备远征明朝，但是在远征的路上暴毙，东征中国计划就这样随着他的死亡一道烟消云散。

帖木儿去世后，帝国被他的子孙分割，瓦解为几股力量，其中一股就是帖木儿的六世孙巴布尔。1525年，巴布尔南下进攻印度，次年攻占德里，屡败印度诸侯联军，征服北印度大部分地区，正式建立了莫卧儿王朝。

娶波斯女子为妃曾经是莫卧儿王朝帝王的传统，莫卧儿王朝的第一代君王巴布尔迎娶的便是一位波斯妃子，他

的后代们也纷纷效仿，这也是莫卧儿帝国宫廷高度波斯化的原因。最知名的波斯宠妃就是泰姬陵的主人泰姬·玛哈尔，这位波斯女子得到了莫卧儿皇帝沙·贾汗的无尽宠爱，她不幸去世后，伤心欲绝的沙·贾汗为她修建了位于印度阿格拉的被誉为世界七大奇迹之一的泰姬陵。

除了容貌，相互融合的还有文化。1540 年，巴布尔之子胡马雍在曲女城战役中被比哈尔阿富汗族酋长舍尔沙击败，被迫流亡波斯，前去投靠萨法维王朝皇帝塔赫马斯普一世。在波斯的 20 年中，胡马雍受到波斯文化的深深影响，波斯完备的行省制度也为后来他在莫卧儿王朝建立政治制度和官僚制度带来了启发。在波斯的这 20 年，也是胡马雍深度进修的 20 年，他甚至还学到了波斯的移动火炮技术——骆驼回旋炮，并倚仗着波斯部队重新夺回了皇帝宝座和领土。但胡马雍接受的其实并不是纯粹的波斯文化，而是被伊斯兰化的波斯文化，波斯与阿拉伯这两个民族在历史上曾经多次相互融合。

名称
莫卧儿系列

品牌
Trifari

年代
1949

质地品类
合金镀金 \ 抛光
宝石 \ 莱茵石

## 阿克巴大帝和他的宽容政策

　　经过漫长的分裂，莫卧儿王朝结合新式火炮和骑兵技术终于再次统一了印度，此时出现了一位身为外族却被印度本土人所崇敬的统治者——阿克巴大帝。阿克巴的父亲胡马雍在逃亡波斯期间迎娶了一位波斯学者的女儿，随后生下了他，后来，胡马雍意外地从图书馆的楼梯上跌落，受重伤身亡。于是，13 岁的阿克巴即位，在他统治时期，文化和艺术达到顶峰，疆域扩充数倍，他在位 49 年，是莫卧儿王朝在位时间最长的皇帝，他是与波斯的阿巴斯大帝、奥斯曼的苏莱曼大帝齐名的伊斯兰历史上最伟大的三位君主之一。

　　阿克巴大帝的婚姻也极为有名，有各种故事版本盛赞他的婚姻。2008 年，一部华丽的电影巨制《阿克巴大帝》上映，讲述的正是莫卧儿王朝第三代君主、信奉伊斯兰教的阿克巴大帝与印度教公主的爱情故事，这无疑是一场成功的政治联姻。阿克巴大帝娶了一位信奉印度教的拉杰普特族公主，这位宗教宽容的帝王还允许印度教公主在家中

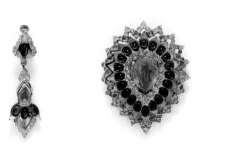

设立印度教的神堂敬拜。

阿克巴大帝采取民族宽容、宗教宽容等一系列宽容政策，改革军事采邑制度。还有一点实在令人称奇，历史上传说阿克巴是文盲，我认为这个说法并不准确，他应该是个有阅读障碍的人。但是，就是这样一个并不完美的人却极为好学且兴趣广泛，他对历史学的兴趣直接影响了印度的地缘政治和官僚体制改革，他在权衡贵族势力上也游刃有余。他还修建了大量图书馆，设立翻译机构，翻译和引进希腊语、突厥语、阿拉伯语著作。在他的推动和努力下，印度的文化和艺术得到空前的繁荣。

## 泰姬陵——一滴爱的泪珠

    在诸多波斯王妃中，最知名的恐怕就是泰姬陵的主人泰姬·玛哈尔（意为"宫廷里的王冠"）了。这位波斯女子闺名阿尔珠曼德·巴努·贝加姆，1612 年嫁给了阿克巴的孙子、莫卧儿王朝第五代皇帝沙·贾汗，得名穆姆塔兹·玛哈尔，称号泰姬·玛哈尔。这位波斯美人得到了沙·贾汗的无尽宠爱，在为沙·贾汗生下第 14 个孩子之后，38 岁的泰姬不幸在军帐中香消玉殒。1631 年，伤痛欲绝的沙·贾汗决意为她修建世界上最美丽的陵墓，这座历时 22 年完成、耗资 4000 万卢比的建筑几乎耗空了帝国的财政。沙·贾汗最大的梦想是在泰姬陵另一端用黑色大理石为自己建造一座和泰姬陵一模一样的陵墓，与妻子永远相望。但是这项工程刚动工就因为政变戛然而止，而他也被自己与泰姬的儿子长久软禁，被幽禁期间，沙·贾汗总是站在窗前远远地看着泰姬陵黯然落泪。

    印度最伟大的诗人泰戈尔曾赞美泰姬陵为"一滴爱的泪珠"。泰姬陵的知名不仅是因为它是世间最浪漫的告白，

名称
印度瑰宝系列
品牌
Trifari
年代
1965
质地品类
纯银镀金 \ 琉璃

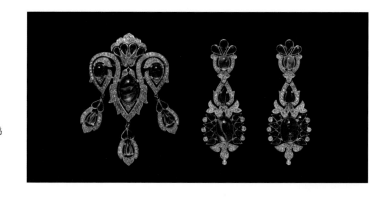

更重要的是它见证了莫卧儿王朝的兴衰。泰姬陵是多元艺术的结合体。泰姬陵的构思和布局充分体现了伊斯兰建筑艺术庄严肃穆、气势宏伟的特点，它是伊斯兰建筑的代表作，融合了波斯风格和印度教风格。无论构思还是布局都是一个完美无缺的整体，泰姬陵将对称美学演绎得淋漓尽致，堪称建筑界的杰作。

## 极致的矛盾

名称
**印度瑰宝系列**

品牌
**Trifari**

年代
**1950—1960**

质地品类
**合金 \ 琉璃**

　　在电影《贝隆夫人》中，主演麦当娜曾佩戴 Trifari 50
年代出品的琉璃彩宝耳夹，涡旋状的图案象征着印度教的
轮回思想。都说恒河的夜晚会送走罪恶，黎明将迎接重生。
我曾在晚上的恒河边观看古老的水葬，清晨时我加入晨祷，
看人们在河边沐浴、瑜伽、给穷人施粥、卖花……恒河之
水生生不息，流淌的也是一种轮回。而在生死之间，印度
人还有一场狂欢，那就是婚礼。我曾参加过一次传统的印
度婚礼，体验了一场盛大的流水席。印度人的理想就是花
半辈子积蓄去恒河边举办婚礼，再花半辈子积蓄去恒河边
举办葬礼，这种极致的矛盾在印度随处可见。我曾坐着每
天都像春运般拥挤的火车感受印度，整个国家给人强烈的
视觉冲击，可谓一脚天上，一脚地下，仿佛十分钟之前你
还在为眼前贫民窟的凄惨景象落泪，不知何时你又会处于
连续两年排名世界第一的奥拜瑞乌代维拉斯酒店（Oberoi
Udaivilas）人间天堂般的奢华中。

　　极致的矛盾与强烈的冲撞感也贯穿于印度审美中，印
度人偏爱明快的大红大绿，无论是服饰还是珠宝，撞色是

印度风格的标志之一。在视觉的冲撞、价值观的冲撞以及
文明的冲撞中,印度成了一言难尽、唯有身临其境去感受
的梦幻国度。

# MALTESE CROSS

## 马耳他十字架之谜

　　十字架，原是一种残酷刑具，流行于古罗马、波斯和迦太基等地，通常用来处死叛逆者和奴隶等。之后演变为基督教信仰的标记，象征着耶稣被钉死在十字架上受难死亡，救赎罪人，代表着爱与救赎。

　　作为西方宗教文化中的重要标志，十字架也是珠宝世界里永不落的设计元素。十字架形态诸多，而常常出现在珠宝设计和服饰中的，则是马耳他十字架。早在1925年，可可·香奈儿就邀请意大利设计师佛杜拉（Verdura）担任香奈儿品牌首席珠宝设计师，设计制作了马耳他十字架系列珠宝。

名称
拜占庭胸针 \ 马耳他十字架胸针
品牌
Ben-Umn\Ciner
年代
1990
质地品类
合金 \ 珐琅 \ 树脂 \ 莱茵石 \
琉璃

我个人最喜欢亚美尼亚十字架，它造型优雅、细腻，十字架以太阳或永恒之轮的象征符号为衬托，伴有几何形植物图案，以及圣徒和动物等图案。但亚美尼亚十字架并没有广泛运用于珠宝设计中，这或许和其承载的悲情历史有关，亚美尼亚大屠杀和南京大屠杀、纳粹大屠杀、卢旺达大屠杀并列为 20 世纪震惊世界的四场大屠杀，这是人类历史上丑陋的伤疤。

如果说亚美尼亚十字架充满了悲情色彩，那么造型刚毅的马耳他十字架则象征着乾坤扭转，它不仅寓意骁勇善战，更满怀对胜利和幸运的期盼。

品牌
**Ciner**
年代
**1990**

质地品类
合金 \ 珐琅 \ 琉璃 \ 莱茵石

## 马耳他之围：不可思议的胜利

伏尔泰曾说过："没有什么比马耳他之围更有名了。"这场围城战曾是西方基督教联盟与奥斯曼帝国地中海霸权之争的高潮点，马耳他——这一国土面积只有316平方公里的袖珍岛国，也是这场战争之所以声名远扬的关键所在。

早在中世纪的十字军东征期间，在周边虎视眈眈的威胁之下，十字军国家处于动荡不安之中，于是，罗马教皇组织起了几个僧侣骑士团，这就是历史上著名的三大骑士团，即医院骑士团、圣殿骑士团和条顿骑士团。三大骑士团中最早成立的是圣约翰骑士团，通常称为医院骑士团，它成立于1099年，最初由法国贵族杰拉德和几名同伴在耶路撒冷的圣约翰教堂附近的医院中成立，主要目的是照料伤患和朝圣者，成员多为意大利骑士。医院骑士团最初的标志是黑底白色的八角形十字架，到13世纪中期开始普遍使用红底白色的八角形十字架，这种八角形十字架也因骑士团之名被称为"马耳他十字架"。

1453 年，当君士坦丁堡落入土耳其人手里时，希腊的罗德岛成了基督教徒最后的阵地，驻扎于此的医院骑士团则是整个东地中海地区唯一的基督教力量，对抗奥斯曼帝国。

由于地理位置特殊，从古至今，罗德岛都是兵家必争之地。从遥远的马其顿亚历山大大帝，到十字军东征，以及强势崛起的奥斯曼帝国，都把罗德岛当成战略要塞。拿下罗德岛，奥斯曼就可以在地中海通行无阻。苏莱曼一世——奥斯曼皇室的第十代君主，奥斯曼帝国的著名政治家和军事组织家，人称"雷电"君王。在苏莱曼一世即位前的 1480 年，奥斯曼军队就进攻过罗德岛。但医院骑士团善于防守，再加上罗德岛的地形优势，奥斯曼付出了巨大伤亡，也没能攻下罗德岛。即位第二年，苏莱曼大帝决定不惜代价攻下罗德岛。1522 年 7 月 26 日，十万奥斯曼军队杀向近在咫尺的罗德岛，仅战舰就有四百艘，对胜利，苏莱曼深信不疑。但战争进程中的曲折超乎想象，马耳他从欧洲征集了 500 人的精英骑士团以及 1200 名雇佣军，和 3000 多名当地百姓共同顽强抵抗了三个多月，他们用生命守卫了这座重要岛屿，而奥斯曼军队则为此付出了死伤两万多人的代价。

## 好运的代名词

　　马耳他骑士团取得的两次不可思议的胜利让他们威名四海,并开启了此后两百余年的辉煌。三大骑士团中第二个成立的是圣殿骑士团,也是十字军东征期间声名最显赫、财力最强大的骑士团,其成员基本上都是法国骑士。1307年10月13日,法国国王、"美男子"腓力四世突然下令逮捕圣殿骑士们,包括团长贾克·德·莫雷在内的数百位团员还没来得及反抗就被抓入大牢,严刑拷打,这一天是星期五,"黑色星期五"正是由此而来。最后一个成立的是条顿骑士团,它的成员是清一色的德意志贵族。骑士团的辉煌在1798年戛然而止,拿破仑在攻打埃及的途中对马耳他发起了进攻,骑士团投降,从此一蹶不振。

　　如今,马耳他和骑士团已成为尘封的历史,但马耳他十字架却成为广为流传的文化符号。1880年,瑞士最古老的钟表制造商之一——江诗丹顿将马耳他十字架注册为公司商标。而时尚圈更是对马耳他十字架情有独钟,因为好运成了它的代名词。

# EGYPTIAN COLOR

埃及的色彩

有什么颜色的矿物，就有什么颜色的埃及

　　观看古埃及的壁画和绘画，会发现用到的颜色并不多，因为在当时，矿物颜料并不是随手可得的。古埃及人对颜色的纯度极其重视，对于95%都是沙漠或半沙漠的埃及而

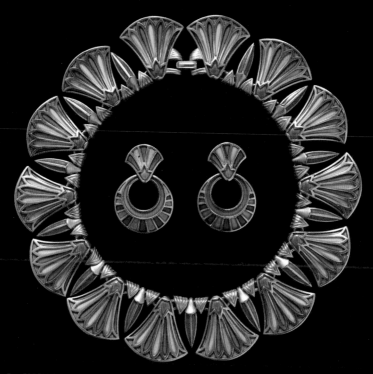

名称
埃及艳后系列

品牌
Trifari

年代
1960

质地品类
合金 \ 珐琅彩

言，颜料全部采用性质稳定的无机矿物制成，白色颜料取自碳酸钙镁石；黑色颜料一般由木炭、煤烟或黑炭磨成；红色颜料取自红赭石；黄色颜料取自黄赭石和雌黄；蓝色颜料有两种制作方式，一种是直接取自蓝色铜矿石，另一种是将孔雀石、碳酸钙和天然碳酸钠合成加热而成的"埃及蓝"（19 世纪早期，一些考古学家在庞贝古城废墟中发现了淡蓝色，因此称其为"庞贝蓝"）；棕色颜料来自赭土或氧化铁；绿色颜料来自孔雀石粉或其他颜料。古埃及人还学会了用黑色颜料和白色石膏混合得到灰色颜料，将红色和黄色混合得到橙色，甚至能用红色与石膏调出粉色。矿物的特性以及干燥的气候也使得这些颜色能千年不褪色。

尼罗河沿岸矿石资源稀少，埃及的矿石资源主要集中在西奈半岛附近，也就是《圣经故事》中摩西带领以色列人劈海出埃及的地方。摩西举杖劈开的正是红海，我曾去过很多次红海，并想象着数千年前神迹中所描述的这一场景。红海的海水出奇的清澈纯净，即便是晚上去，湖面也很平静。红海沿岸分布着很多种矿石，其中就包括古埃及人最常用的矿物颜料——赭石。

每种颜色都有独特的象征意义，红色用于描绘肤色，红色因与火和血有关，因此象征着活力和能量，但也用来强调某种危险或定义具有破坏性的神。蓝色象征生育、出生、重生和生命，通常用于描绘水和天。绿色象征着善良、成长、生命、来世和复活。白色象征纯洁、神圣、清洁和清晰。黑色象征死亡、黑暗、冥界。

在古埃及,青金石也一直被视为可与黄金媲美的宝石,大量用于镶嵌金银装饰物,还被用作颜料和化妆品。古埃及人将这种矿物磨成粉末后和油脂混合,用来制作各种颜色的眼线膏。1922 年,英国考古学家发现了古埃及第 19 王朝第三代国王图坦卡蒙墓葬,墓葬里出土了许多青金石和红宝石。

王冠、耳环、项饰、胸饰、手镯、戒指等首饰上也多用青金石等宝石作装饰,圣甲虫饰、垂饰和生活用品上也镶嵌了大量青金石。历史上,通常在报告从战败国掠夺回来的金银财宝时,青金石经常列在黄金和其他贵重物品的前面。

## "怪异"的古埃及艺术

若是谈及"风格",那么古埃及则是人类艺术中最早形成风格的古代文明之一。蒋勋先生曾这样写道:"埃及的美术风格倾向于一种高度秩序的建立。无论多么繁杂的内容,多么曲折的情节,埃及人似乎总希望把它们归纳成一种几何性的符号,有条不紊地排列安置在规矩的空间里。"

除了这种高度的秩序感,古埃及艺术还有一些极其有辨识度的特征。

第一,侧身正面律。贡布里希曾在《艺术的故事》一书中提到一幅举世闻名的古埃及陵墓壁画《内巴蒙花园》,这幅壁画如今在大英博物馆珍藏。

内巴蒙是埃及卡纳克神殿的一位书吏,他并不富有,但显然想名垂青史。他生前就给自己建造了一座陵墓,并按照他对美好来世的期许绘制了各种生活场景,包括摆放了各种面包、烤鸭、无花果和葡萄的祭祀台,全家福式的捕猎场景以及鱼鸭同乐、种满了无花果树和椰枣树的花园。

但是所有的画面都有种说不出的怪异感。画面的透视效果和角度明显是不准确的——头部呈侧面，眼睛为正面，肩和胸为正面，两腿及双脚呈侧面，但是侧面视角的两条腿居然一样长。这样的正身侧面律显然不符合人体的自然结构，人体就像是拼装重组而成，树木也是横空生长的。这是因为古埃及人的绘画技法不够成熟吗？并不是，而是他们根本不在乎。

第二，概念写实主义。古埃及人觉得"看着像"并不重要，最重要的是"有没有"，也就是存在上的真实。不管画出来的图画是不是好看、是不是会和人产生共鸣，而只管是否将需要保留和还原的要素全部画出来了，让所有的一切都以一种绝对清晰稳定的状态呈现出来。因为他们虔诚地相信，人死后，灵魂在经过一段漫长的旅程后会在未来复活。只要画出来了，墓主人就能在永生不灭的时间里，还能享受到他生前优渥的生活。

回到《内巴蒙花园》壁画，乍看上去，这是一个从空中俯视的花园，方形的池塘中荡漾着一波清水。但仔细观看便会发现，池塘周围的树木被画成了侧面的样子，而左边的三棵树干脆横放着。同样，池塘中的白莲、鸭子和鱼也不是从顶部向下观望所能看到的模样，它们像是被剪下来贴在了画面上似的。古埃及人如此频繁地变换视角，把从不同角度看到的东西全部组织在一幅画面上，为的是使观看者能够清晰地辨别出每一件东西的完整轮廓，这便是程式化的古埃及艺术中除了侧身正面律之外的另一大特点：概念写实主义。

就像贡布里希所说的："这大概跟他们的绘画必须为另一种目的服务有关系。当时最重要的不是好看不好看，而是完整不完整。艺术家的任务是要尽可能清楚、尽可能持久地把一切事物都保留下来……他们是根据记忆作画，所遵循的一些严格的规则使他们能把要进入画面的一切东西都绝对清晰地表现出来。"

## "技术控"的天堂

3000 多年前，阿布·辛拜勒神庙的设计者就精确地运用天文、景象、地理学知识，设计出只有在拉美西斯二世的生日（2 月 21 日）和登基日（10 月 21 日），旭日霞光的金辉才能从神庙大门射入 60 米黑暗长廊，依次洒在神庙内室圣坛上的太阳神阿蒙、拉美西斯二世和下埃及神胡拉赫提石雕巨像全身上下的奇观。

20 世纪 60 年代，当阿斯旺水坝开始动工，古迹面临着永沉湖底，神庙的价值才为世人瞩目，联合国教科文组织向世界各国发出拯救努比亚古迹的呼吁。全世界最优秀的科学家聚集于此，运用最先进的科技测算手段，用了十几年时间，将神庙原样向上移位了 60 米，虽然"日照圣殿"的奇观如期再现，但还是推迟了一天，日光节也因此推迟至每年的 2 月 22 日和 10 月 22 日这两天举行。

## 置身于现代埃及的幻灭感

古埃及有句谚语："人类惧怕时间，而时间惧怕金字塔。"金字塔所承载的古埃及文明之厚令人类为之着迷。

要了解文明、文化和艺术的起源，一定不能错过古埃及。古埃及创造了很多世界第一：公元前4000年第一个发明365天历法的国家；公元前3200年第一个创造文字的国家，甚至有一种说法说它的文字早于两河流域；公元前2686年第一个建立中央集权制的国家，比中国的夏朝还要早600年；世界上第一个用植物制造纸张的国家。

当我步入埃及博物馆，感受到了巨大的震撼：虽然历史上曾被西方列强搜刮掠夺，但是埃及博物馆里依然藏有17万件宝贝。走出博物馆大门，走在埃及的大街上，扑面而来的却是强烈的幻灭感：全世界最壮观的烂尾楼工程、遍地的垃圾、随处可见的古迹的残垣断壁、随时而来的沙尘暴和雾霾……竟让我有种拯救末世的冲动。

名称
埃及艳后系列
品牌
AVON
年代
1980
质地品类
合金 \ 莱茵石

　　有一天我在路上散步，前方有两座危楼像比萨斜塔一样歪倒在一起，吸引我的是这么歪的房子里居然还住着人。我驻足仰望，看见一个住在最高层的人，他也许感觉有人正在注视着他，热情地把半个身子都探了出来，欢快地向我挥手，嘴里喊着我听不懂的话，我们隔着马路，像久别重逢的老友一样相互挥手。我突然有种错觉：他就像是站在文明废墟上的现代埃及人，在向一个遥远的古埃及人挥手。

　　古埃及文明的磅礴和神秘也成为珠宝设计师们取之不尽的灵感来源。设计师们运用法老、狮子、神兽、圣甲虫等远古图腾元素，以更轻盈、欢快的姿态呈现他们眼中的异域情调，用全新的方式来演绎并向厚重而古老的文明致敬。

FROM THE PURPL
TO THE PREQUEL
RENAISSANCE

# 从紫色民族到文艺复兴前传

谁掌握了紫色染料，谁就是王者

　　在历史上曾经很长一段时间，紫色代表了身份与阶级。传说这种颜色是希腊神话中大力神的小狗发现的，有一天，小狗在海滩吃了骨螺后，鼻尖都变成了紫色。骨螺能够产生紫色的秘密在于它的鳃下腺会分泌紫色素前体及催化该前体的酶，当这些物质随同骨螺的其他黏液被排出体外，在光和氧气的催化下，无色的黏液便会神奇地变成紫色，这种紫色物质后来被证实主要成分是溴的有机物——6,6'-二溴靛蓝。

事实上，腓尼基人最早发明了骨螺紫这种染料。他们使用地中海的骨螺为原料，在推罗（今属黎巴嫩）建立了染色中心，骨螺紫也因此被称为推罗紫。推罗在公元前 11 世纪至前 7 世纪是腓尼基地区重要的商业港口。

因为紫色染料的发明，腓尼基人大发横财。古希腊人把这群掌握染色技术的闪语族人称为腓尼基人（Phoenician），即"紫色地区的人"。之后的几个世纪，腓尼基人凭借商业头脑和进取精神，在整个地中海范围建立据点，能做到这些，港口城市推罗功不可没。

当然，这种颜色也确实很难获得。首先需要捕捞成千上万只骨螺，将螺壳与软体分开，取出可用于制作染料的腺体。接着，染料工人会把它们放进装有海水的大桶中加热十天。制作时，气味腥臭至极，据犹太教文献《塔木德》记载，染料工人的双手不仅沾有鲜血，还散发着令人作呕的刺鼻的鱼腥味，整个提取过程因散发着恶臭，只能在城外进行加工。25 万只骨螺才能提炼出半盎司（约 14.17 克）染料，才刚好够为一条罗马长袍染色。所以，1 盎司（约 28.35 克）推罗紫比 1 盎司黄金还要贵重 20 倍。

埃及艳后克娄巴特拉无比迷恋这种颜色，她让手下人把船帆、沙发等各种物品统统染成这种颜色。古罗马人也为推罗紫而疯狂，公元前 48 年，恺撒大帝来到埃及，他也迷上了这种颜色。公元 4 世纪，法律规定推罗紫为罗马皇帝专用颜色，用于皇帝的衣物及军令的书写。此后几个世纪，几乎没有人敢穿上这种颜色的衣服，因为平民穿紫色的代价是杀头。

紫色也因此成为当时代表阶级地位的颜色。在拜占庭时代，来自王族嫡系的皇帝会将"紫生"（Born To The Purple）加于自己的称号中，以表明自己的正统出身，并区别于靠其他手段获得王位的君主。公元 532 年，君士坦丁堡发生了"尼卡暴动"，市民口中高呼"尼卡"（意为胜利），在市内到处放火，还围住了皇宫，东罗马帝国皇帝查士丁尼想逃离皇宫，睿智的皇后狄奥多拉极力反对，并对他说："紫袍是最美丽的裹尸布"，在妻子的帮助下，他成功度过了这次危机。

腓尼基人最著名的是发达的海上贸易和殖民事业。腓尼基人的商船自埃及第六王朝起就已遍布地中海，公元前 1200 年左右，随着埃及的式微，腓尼基地区崛起，成为地

名称
尤金妮皇后系列
（紫色）

品牌
Trifari

年代
1949

质地品类
合金 / 托帕石 /
珐琅彩

中海霸主。面积微小的地区却拥有如此庞大的财富，这很快招来了周围强大帝国的觊觎，先是亚述帝国，后来是古巴比伦王国，最后是罗马帝国，腓尼基人不得不退回到北非突尼斯，建立了迦太基国，但罗马对迦太基国发动了第三次布匿战争，迦太基国终于灭亡。随之一并消失的，还有推罗紫。

## 文艺复兴的起源源于紫色染料再次出现

难以想象，在人类文明不断进化的过程中，紫色染料的技术就这样消失了两千年。直到 1300 年，据说一位意大利商人去了地中海东岸的黎凡特地区，这里是腓尼基人发现紫色的地方。因为内急，他在路边解决，正好小便的地方有植物，他发现植物居然变成了紫色。他非常兴奋，便挖了一大片这种植物带回意大利，据说经过了 60 多道工序才提炼出了新的紫色——不用再依赖骨螺的合成紫色。他还发明了不褪色的着色技术，并开设了一家染料工厂，这家工厂就设在佛罗伦萨——欧洲文艺复兴发源地。

当第一批人工合成的、没有腥味的紫色出现在市场上时，紫色终于走下了神坛。就在这家紫色染料工厂设立的同时，欧洲文艺复兴拉开了帷幕。我们如果仔细推断，甚至可以简单粗暴地得出这样一个结论：文艺复兴的起源就是佛罗伦萨的起源，佛罗伦萨的起源就是染料的起源，确切地说，是紫色染料，与象征佛罗伦萨的鸢尾花的颜色不谋而合。

名称
皇冠胸针
品牌
**Mazer**
年代
**1947**
质地品类
纯银镀金 \ 莱茵石

　　米兰的崛起是因为米兰盛产面料，里昂的崛起是因为它是纺织中心，施华洛世奇的崛起也是因为奥地利盛产水晶。由此可以推断，佛罗伦萨的崛起是因为染料的兴起。

　　阿诺河——佛罗伦萨的母亲河，它为佛罗伦萨的崛起立下了汗马功劳。它的上游地区为佛罗伦萨提供了最重要的纺织业染色原料，外加自给自足的羊毛，这让佛罗伦萨具备了充足的原材料基础。阿诺河穿城而过，不仅保障了农业灌溉，还解决了交通运输问题。作为中世纪最昂贵的染料，紫色的染色技术好比当年纺织业中的芯片技术，染色技术的突破，让佛罗伦萨各大家族更有信心投入重金研制新的染料。当时，阿诺河沿岸全是染料作坊，曾经一度从2000多个增长到5000多个。佛罗伦萨就此建立了门类齐全的染料生产体系，印染技术居世界首位，且成本最为低廉，这也为佛罗伦萨的绘画艺术大繁荣和文艺复兴奠定了坚实的基础。

　　想要获得最先进、最齐全的颜料，必须来到这里，于是，艺术家们纷纷聚集到了佛罗伦萨，佛罗伦萨成为文艺复兴的心脏，也渐渐地成为徐志摩笔下诗意的"翡冷翠"。

BYZANTINE
CIVILIZATION

# 理性主义——拜占庭文明的基因

炫目的星芒、抽象的图腾、富有宗教色彩的十字架、璀璨的彩色珠宝、华丽的黄金镶嵌……在众多珠宝首饰中，相信你一眼就能辨认出拜占庭风格。

在这些醒目的特征背后，蕴含着拜占庭鲜明的文化特征和独特的文化体系。这颗镶嵌在欧洲古老文明脉络上的明珠，是人类文化宝库的重要组成部分，在世界文化历史长河中有着举足轻重的地位。它细腻的表现力、独特的美学思想及深刻的哲学思想闪耀着浓郁的理性主义光辉，在西方文化发展史上起到了承上启下的作用。

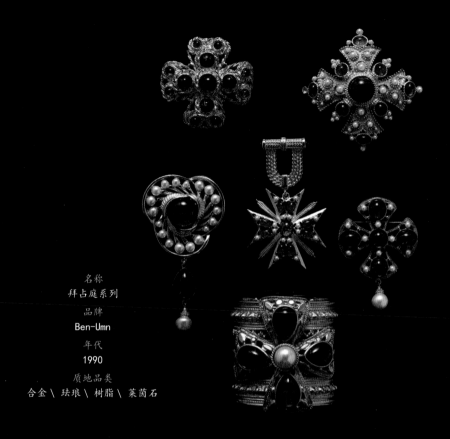

名称
**拜占庭系列**
品牌
**Ben-Umn**
年代
**1990**
质地品类
**合金 \ 珐琅 \ 树脂 \ 莱茵石**

　　拜占庭帝国在一定程度上继承了古罗马时期的思想与艺术精髓，并延续、创新了古罗马文明。拜占庭风格的首饰重装饰轻材料，色彩造型明艳生动，整体呈现出神秘高贵、华丽不可亵渎之感。在工艺技法上，拜占庭珠宝将马赛克艺术发展到了新高度，马赛克工艺成为拜占庭珠宝的主要技艺之一，流苏的使用也令其成为高贵皇族的象征。

## 东西罗马帝国的不同命运

拜占庭艺术融合了古典艺术的自然主义和东方艺术的抽象特质，充满了象征主义色彩。而兼容东西的拜占庭艺术除了与帝国广袤的地理疆域有关，更与其长达一千多年的辉煌历史密不可分。

公元前 27 年，屋大维建立了伟大的罗马帝国。公元330 年，君士坦丁大帝将罗马帝国首都迁移到了拜占庭，并将拜占庭更名为君士坦丁堡，意为"君士坦丁之都"。

公元 395 年前后，罗马帝国皇帝狄奥多西一世驾崩前，将罗马帝国拦腰截为东西两部分，分别赐予了他的两个儿子。18 岁的长子继承东罗马帝国，年仅 11 岁的次子接任西罗马帝国的皇位。东罗马帝国拥有从黑海到亚德里亚海之间的广大地区，包括巴尔干半岛大部分、小亚细亚、叙利亚、巴勒斯坦、埃及和外高加索的一部分，西罗马帝国的领土包括意大利、巴尔干西北部、高卢、不列颠、西班牙及北非（从利比亚西部到大西洋之滨）等地。在文化上，东罗马帝国主要以希腊语为主，西罗马帝国依然通行拉丁语。

西罗马帝国皇帝年幼，君弱臣强，内忧外患麻烦不断，很快，东罗马帝国全面超越了西罗马帝国。在经历了包括匈奴和诸多日耳曼部落的反复侵袭之后，公元476年，苟延残喘的西罗马帝国终于咽下了最后一口气。而东罗马帝国则继续存活了近千年。

1453年4月6日，奥斯曼土耳其帝国苏丹穆罕默德二世带领20万大军亲征东罗马帝国。在经过了51天的激战之后，君士坦丁堡这座千年名城便落到了土耳其帝国的手里，拜占庭皇帝君士坦丁十一世战死沙场。至此，所有拜占庭领地均彻底丧失，千年帝国终于陨落。

1557年，德国史学家赫罗尼姆斯·沃尔夫在文章中首次使用"拜占庭帝国"这一名称，以区分中世纪的罗马帝国（拜占庭）和古罗马帝国。17世纪之后，经过孟德斯鸠等人的使用，这个称呼逐渐被西欧历史学家广泛使用。

"回顾历史，拜占庭（东罗马帝国）显然在各个领域都做出了重大贡献。一个贡献是，它起到了保护盾的作用，使保护盾后面的西方能自由地发展自己的文明。这一有利条件的全部意义，在 1453 年君士坦丁堡沦陷后变得非常清楚，土耳其人攻陷该城后，不到半个世纪便抵达欧洲的中心，包围了维也纳。同样重要的是，拜占庭还促进了贸易和经济的全面发展。"这段摘自《全球通史》一书的文字足以表明拜占庭的重要性。拜占庭帝国境内民族、人种杂处，玻璃、金属制品与刺绣织物远销海外，丝绸、香料、象牙等奢侈品也不断从中国、印度、波斯等地运入，繁荣一时。

拜占庭在西方文化发展史上起到了承上启下、继往开来的重要作用。拜占庭帝国融合罗马帝国的政治传统、希腊文化和东正教，创造了具有独特风格的拜占庭文化。

在拜占庭帝国，《荷马史诗》深入人心，妇幼皆知。古希腊文化在语言、教育、文学、医学、哲学等领域中留下的宝贵财产，渗透在拜占庭社会生活的方方面面，特别是语言和教育，塑造着拜占庭人的思维方式。古希腊文化就像种族延续中的基因一样，即便没有呈现出显著的外在特征，也依然在传承中扮演特定的核心作用。

拜占庭学者特别重视古希腊的哲学和文学，重视罗马的法律和工程技术，人们疯狂传抄柏拉图、亚里士多德等著名学者的作品。当奥斯曼土耳其大军血洗拜占庭，逃亡意大利的拜占庭学者还不忘打包古希腊和拜占庭时代的珍贵手稿和书籍，还有许多意大利学者也曾前往君士坦丁堡收集古代书稿和文物，生活在天主教神权世界的人们因此得以重新看到了柏拉图和亚里士多德、亚历山大和恺撒，以及其他古希腊和罗马的光辉思想。

在这些思想的影响下，希腊人的理性光明照穿了教皇和封建制度所构成的重重帐幕，给西欧带去了文艺复兴之光。在拜占庭帝国的废墟上，西欧新世界拔地而起。拜占庭基因中的开放性、秩序感在诸多地方得到了传承、发展。拜占庭的标志元素马赛克及其背后代表的工匠精神延续至今，马赛克元素被运用于诸多领域。从马赛克到珠宝刺绣，从建筑到服饰，拜占庭艺术不仅将手工艺发挥得出神入化，他们对金色的极致应用还为后世的艺术家做出了杰出示范。1907 年，奥地利象征主义画家古斯塔夫·克林姆特创作了旷世名作《吻》，这是一枚金色之吻，是跨越世纪的拜占庭之吻。

跨越千年，拜占庭艺术在历史长河的涤荡中焕发出拜占庭新美学，至今，人们依然在以各种方式表达着对拜占庭文明的敬意与礼赞。

## 闪耀着理性主义光辉的拜占庭

　　拜占庭艺术追求的是心像，而非具象。对抽象的精神和神圣情感的表达是首要的，对外在的形象或者真实自然的形体表达则是次要的，因此，相对写实主义，人们推崇的是质朴、简单甚至有些刻板的线条。比例让位于线条，虽单调却足够浓郁的色彩足以明确地表现抽象意义。

　　拜占庭人从不吝惜黄金的使用。拜占庭人相信，上天的力量显示在皇帝和教会拥有的金银珠宝上，皇宫和教堂愈是豪华，就愈能证明每位信徒所期盼的来世会成真，这让拜占庭创造出精湛的奢侈品和金银制品工艺。因为拥有大面积的金矿，而且周边国家每年都要向它进贡一大笔黄金和彩色宝石，所以拜占庭的工匠们对黄金的使用从不吝啬，并且极其热衷使用拼镶工艺。黄金配珐琅也是拜占庭珠宝鲜明的特征之一，内填珐琅和掐丝珐琅、马赛克技术等也开始出现在珠宝上。

抽象的马赛克在罗马帝国时期、拜占庭时期和早期基督教时期一直被使用。无论是古希腊采用的大理石马赛克铺石，还是古罗马的殿堂建筑、罗马柱，马赛克都作为一种特殊的装饰手段被使用。拜占庭的教堂都用大量马赛克来装饰，慢慢地，使用的色彩越来越多，工艺也越来越复杂。

　　拜占庭的圣像也是用小块马赛克或颜料拼出图案，加以金银、珐琅、象牙装饰，并用珠宝镶嵌。拜占庭圣像艺术对后来俄罗斯、希腊等东正教国家的宗教艺术有很大影响。萨珊波斯帝国的细密画技术也源自拜占庭马赛克圣像的细密镶嵌技术。

　　拜占庭艺术中宗教色彩较为突出，整体呈现出庄严、严谨之感，完美契合了古罗马、古希腊及后世欧洲人的审美，使其成为世界艺术史上举足轻重的经典。拜占庭艺术风格对中世纪欧洲各国艺术产生了巨大影响，而拜占庭珠宝则影响了欧洲乃至世界珠宝设计的发展。

# WE ARE
# MOORS

## 我们是摩尔人

2017 年圣诞节,英国女王伊丽莎白二世在白金汉宫举行午餐会。之后,因一枚所谓的"黑人胸针"引发的争议在英国各大主流媒体和社交媒体闹得沸沸扬扬。

据英国《卫报》报道,肯特王妃——英国女王伊丽莎白二世的堂弟迈克尔亲王的夫人,当天佩戴了一枚黑人头像胸针出席午餐会。按说只是一枚胸针而已,但是问题在于一同出席的还有刚刚宣布与哈里王子订婚的梅根·马克尔。众所周知,梅根·马克尔的母亲是非洲裔美国人,父亲是荷兰裔爱尔兰人,由此,肯特王妃此举被认为是给即将嫁入王室的梅根一个"下马威"。

在一片声讨和责备声中，72岁的肯特王妃很快通过发言人发表声明："我当时佩戴的胸针是别人赠送的，此前已经佩戴过很多次，我并非有意针对梅根。如果此举不慎冒犯了梅根或者其他人，我深表歉意。"然而对她的道歉和解释，大多数公众和媒体并不买账。那么这枚胸针是否真的代表种族歧视，果真如此吗？

有人说，正义会迟到，但不会缺席，真相也是一样。作为一个相对了解胸针历史的藏家，我必须站出来为肯特王妃澄清一下：她佩戴的其实是摩尔人胸针，并不是黑人胸针，更与所谓的种族歧视无关。被舆论炒得沸沸扬扬的"黑人胸针"代表的是摩尔人，多指在中世纪时期居住在伊比利亚半岛（今西班牙和葡萄牙）、西西里岛、马耳他、马格里布和西非的穆斯林居民，大多为柏柏尔人，也有阿拉伯人和犹太人。以摩尔人为题材的首饰的历史由来已久，并且，以摩尔人为题材的珠宝具有极高的艺术价值。

## 摩尔人珠宝——威尼斯商人的商机

摩尔人对西班牙的统治长达 800 年之久，在这期间，原本仅是西班牙称呼非洲穆斯林的"摩尔人"逐渐成为他们民族的名称。中世纪时，摩尔人十分强大，曾一度占领了欧洲的一小部分地区，包括意大利的西西里岛（公元 827 年）。从此，拉开了摩尔人与欧洲腹地交流的帷幕。

莎士比亚名作《奥赛罗》中的主角奥赛罗就是摩尔人。许多世纪以来，欧洲人对来往贸易的摩尔人，以及对东方风情的想象催生出以摩尔人为题材的珠宝首饰。随着意大利人与摩尔人的交流越来越多，威尼斯这个世界闻名的商人城市很快从中窥见了商机。从 16 世纪开始，威尼斯工匠开始以摩尔人为题材制作珠宝与物件，以满足欧洲人对摩尔人的好奇。17 世纪起，摩尔人珠宝受到权贵阶层的钟爱，人们以拥有高级的摩尔人珠宝为荣。

拿"黑人头"胸针来说，人物头顶往往采用彩宝头巾装饰，通常由水晶或玛瑙手工雕刻而成，周围辅以金银、

名称
摩尔人胸针
品牌
Boucher 等
年代
1950—1970
质地品类
琉璃 \ 合金 \ 莱茵石

钻石、珊瑚以及各色宝石镶嵌，整体风格华贵夺目，颇具异域风情。这种人物造型成为装饰艺术史上很有名的艺术形式，常见的形象有佣人、侍者、异域国王、圣人、神仙等。

据说，当时意大利南部面临摩尔人入侵，当地居民便佩戴"黑人头"形象的饰品表明立场，希望不要遭到攻击。之后这一传统在欧洲渐渐传开，"黑人头"也成了拥有强大力量的守护神的象征。

意大利威尼斯著名珠宝品牌 Nardi 的创始人吉里奥·纳迪（Guilio Nardi）更是对摩尔人胸针情有独钟，20 世纪 30年代，他以摩尔人为题材设计了大量珠宝。

20 世纪 50 年代和 60 年代，卡地亚也创作了不少摩尔人珠宝，蒂芙尼、梵克雅宝、宝诗龙也都出品了类似的胸针。比利时王后保拉结婚时收到了丈夫赠送的摩尔人胸针，摩纳哥王妃也收藏了以格蕾丝（Grace）命名的摩尔人胸针，而好莱坞已故明星玛丽莲·梦露、伊丽莎白·泰勒也都收藏了不少摩尔人胸针。

WHEN T

STARS A

LUSTRO

GLEAMI

# 第三章

# 当群星璀璨时

# 王者 Trifari

1939 年，美国罗得岛州首府普罗维登斯，机器轰鸣，一排排厂房拔地而起，古斯塔沃·翠法丽（Gustavo Trifari）和他的两位搭档站在偌大的工地上，兴奋地环顾着他们打下的这片江山，踌躇满志。

能在这片土地上建立工厂，就意味着进入了珠宝产业的核心，这是实力的宣告，也意味着未来可期。18 世纪以来，普罗维登斯一直是美国最主要的珠宝制造中心。同样在这里建立工厂的，还有当时占有市场份额最大的时装珠宝公司 Coro。

1945年，Trifari公司的营业额高达400万美元。1952年，公司已经在普罗维登斯建立了四家工厂，但是办公和设计部门依然保留在繁华的纽约。

"当机会来临时，不敢冒险的人永远是平庸之辈。"这句出自以色列智慧全书《塔木德》中的箴言毫不留情地道出了成功与失败的区别所在。Trifari——Vintage珠宝世界中当之无愧的王者，她的成功就是如何抓住机会来一场大冒险的教科书。

对于初识Vintage珠宝的人而言，Trifari基本上属于可以"闭眼买"的品牌，这也是让很多人对其爱得难以自拔的主要原因。Trifari的魅力不是炫目闪亮得让你招架不住，而是让你在长久的回味与留恋中对她念念不忘。

名称
密镶大花胸针
品牌
Trifari
年代
1950
质地品类
合金 \ 琉璃

## 那不勒斯小伙子的美国梦

　　1883 年 9 月 27 日，古斯塔沃·翠法丽（Gustave Trifari）出生于意大利南部城市那不勒斯，17 岁开始在爷爷路易吉（Luigi）的金工作坊边当学徒边学习做生意，爷爷的作坊主要制作传统发梳和发饰，这对小伙子来说着实有点沉闷。四年后，古斯塔沃·翠法丽决定去大西洋彼岸的美国闯一闯，来到纽约后，他成了"纽漂"一族，他的第一站是 Weinberg & Sudzen 珠宝工厂。1912 年，即将步入而立之年的古斯塔沃创立了自己的公司，延续了家族传统发饰的生意，同时还尝试着经营少量时装珠宝。除了手艺扎实，古斯塔沃·翠法丽还是个极有生意头脑和远见的人。1918 年，他认识了帽饰公司的优秀销售经理里欧·克拉斯曼（Leo Krussman），并盛情邀请他入伙，公司于是改名为 Trifari & Krussman。1925 年，他们和从当时的时尚中心——欧洲归来的卡尔·费雪尔（Carl Fishel）一拍即合，于是公司再次更名为 Trifari Krussman and Fishel，简称 KTF。克拉

斯曼担任董事长，负责行政管理；古斯塔沃·翠法丽担任副董事长，主抓生产；费雪尔分管市场和销售。

1930 年，美国经济大萧条伊始，高级珠宝公司纷纷倒闭，古斯塔沃·翠法丽趁机挖来了业内口碑极好的设计师阿尔弗雷德·菲利普（Alfred Philippe）担任设计总监，这位 1900 年出生于巴黎的天才设计师当时在纽约知名的高级珠宝公司 William Scheer 工作，William Scheer 和高级珠宝品牌卡地亚以及梵克雅宝都有业务往来。聘请阿尔弗雷德绝对是古斯塔沃·翠法丽在商业上所做的最明智的选择。阿尔弗雷德在 Trifari 兢兢业业地工作了 38 年，一直到 68 岁退休。

Trifari 的生意一路风生水起，"要不要把公司规模做得更大？"古斯塔沃和两位合伙人深思熟虑后还是决定保持中等公司的规模，能做出这样的决定是需要足够的智慧和定力的，而这一系列管理模式也使得它能够对产品质量进行更严格地把控。

## 脑洞大开的宝藏设计师

阿尔弗雷德·菲利普无疑是 Trifari 的灵魂人物，他把高级珠宝的设计理念带到了 Trifari，带领着 Trifari 将时装珠宝进阶成更加精致且独具匠心的作品。毫不夸张地说，正是阿尔弗雷德的天才设计成就了 Trifari 的高光时刻，当然，这种成就是相互的，Trifari 也给了阿尔弗雷德无限的自由，以及荣光。

阿尔弗雷德的奇思之妙，涉猎题材之广，令人折服。Trifari 虽然拥有一个设计师团队，但是几十年来，最经典的作品几乎全部出自阿尔弗雷德之手。

20 世纪 30 年代，Trifari 除了在早期延续 Art Deco 的设计风格之外，1935 年后开始专注于各种小清新的花花草草、植物、蔬菜等题材，兰花、百合、雏菊、豌豆、蘑菇……应有尽有，之后，他还推出了轻松明快的水果沙拉系列胸针。40 年代初，欧洲皇室题材电影流行，于是阿尔弗雷德顺势推出了皇冠系列胸针，其受欢迎程度以至于令 Trifari 将皇

名称
"水果沙拉"胸针
品牌
Trifari
年代
1937—1950
质地品类
白银镀铑 \ 莱茵石 \
琉璃

冠纳入了其标志设计系列，并且在后来的很多年里一直不断地推出不同版本、不同颜色的皇冠系列时装珠宝。目前市场上最稀缺也最受欢迎的则是20世纪40年代出品的祖母绿、宝石蓝、宝石红经典色搭配款胸针。

1942年春，Trifari将目光投向神秘的东方，推出了Ming系列胸针。明朝的中国在西方人眼中曾经一度是"流

March 28, 1944.     A. PHILIPPE     Des. 137,542

名称

**皇冠系列**

品牌

**Trifari**

年代

**1944—1960**

质地品类

纯银镀金＼合金
镀金＼月光石＼
莱茵石＼抛光
宝石＼琉璃

淌着牛奶和蜂蜜的国度"，狮子、老虎、斧头、龙、麒麟、乌龟、蝙蝠、宝塔等具有寓意的东方元素被阿尔弗雷德进行了极其大胆的演绎，他用具有东方特色的红色珐琅和仿玉以及莱茵石呈现出他想象中的遥远的东方和大明盛世。

Ming 系列中，尽管有的设计也许和真正的中国传统相差甚远，但阿尔弗雷德说，"不在乎像与不像，重要的是我理解的中国明朝就是这样。"恰恰是这种大胆和自由的想象成就了阿尔弗雷德。Ming 系列中还有一个系列如今在收藏市场上极为稀缺，其中最为震撼的一个作品就是戴着皇冠的大黑鹅胸针，出自设计师大卫·米尔（David Mir），这位设计师用他偏爱的黑色和乳白色镀金材质，搭配红绿宝石、白色巴洛克珍珠、黑色及黄色珐琅，向世人展现了他想象中的中式审美。

随着第二次世界大战的爆发，西方各国开始限制民用金属的使用，这反而成为驱使 Trifari 钻研新型材料的动力。因为 Trifari 的口碑和实力，美国政府也把一些海军装备的制造订单交给了 Trifari。

一天，在给战斗机安装挡风玻璃时，古斯塔沃发现有瑕疵的飞机玻璃会被直接废弃。"能不能把这些玻璃边角料利用起来？"古斯塔沃兴奋地找到了阿尔弗雷德，进行了一番"头脑风暴"。经过阿尔弗雷德的巧思，他将这种像水晶般的玻璃边角料——Lucite（树脂）进行圆形切割后作为胸针主体镶嵌在各种形态的金属底托上，这些晶莹剔透的树脂居然化身为各种淘气小动物的肚皮，于是，著名的 Jelly-Belly "果冻肚皮"系列胸针横空出世。Jelly-Belly 最初叫作 Lucite Jewels，阿尔弗雷德拥有 Lucite Jewels 的

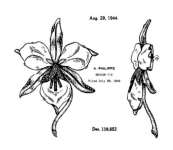

61 项设计专利。1939—1945 年，许多大牌珠宝都纷纷使用了 Lucite 材料进行设计制作，但最具收藏价值的依然是 Trifari 的 Jelly-Belly 系列，甚至有很多藏家专门收藏该系列。

　　大颗的果冻肚皮胸针，往往采用爪镶或包镶的形式，背面底座为镂空，加上磨砂和哑光质感设计，保证了"果冻"的透明感和纯天然的感觉。经过时间的检验，细心的藏家会发现 40 年代生产的果冻肚皮品相极好，而产自 60 年代的果冻肚皮很多都开始泛黄，原因也许在于当时有的品牌为了缩减成本，添加了一些化工原料所致。

名称
"果冻"花胸针

品牌
Trifari

年代
1940

质地品类
纯银镀金 \ 透明合成树脂 \
莱茵石

## "永不褪色的合金"问世

　　为了缩减成本以及进行更多元的呈现，Trifari 一直在钻研新型材料，如压制或模铸玻璃、仿月长石和玉髓的乳白色高品质仿制宝石等。1947 年，古斯塔沃宣布 Trifari 发明了合金材料，这种合金使得熔炼过程更加稳固，并且在镀金或镀铑后质感极佳。

　　镀铑是通常用来保护贵金属的方式之一，铑比黄金还稳定，极不易在空气中发生氧化反应，白银镀铑之后会呈现出铂金般的色泽。但是，铑是一种非常昂贵的金属，在当时，镀铑的成本实在太高，而镀银又会发生氧化，因此，

"永不褪色的合金"成了唯一选择。

虽然 Trifari 称这种合金永不褪色，但因为当年使用的金面通常都是 12k~14k 金，又大多做成了雾面金的效果，视觉上的确很有高级感，不过并不是绝对的永不褪色。当然，在今天看来，这种因为岁月蹉跎而产生的些许褪色反而是一种无法复制的历史痕迹，是属于 Vintage 时装珠宝独有的时光印记。

20 世纪 40 年代末，一直紧跟时尚潮流的 Trifari 开始推出线条简洁且质感更轻盈的饰品。1949 年，Trifari 推出了具有异域风情的 Moghul 莫卧儿系列珠宝，题材有公鸡、马、乌龟、大象、贵妇犬、蝴蝶、果盘等，全套珠宝使用永不褪色的合金打造，大红大绿的撞色、玫瑰型的切割方式、设计灵感都源于印度珠宝。Trifari 最初在广告中为此系列取名为 Scheherazade，后来大家都流行称其为 Moghul 莫卧儿系列，指代印度穆斯林艺术兴盛时期的莫卧儿王朝。将异域风情玩上瘾的阿尔弗雷德还推出了极具印度特色的"印度瑰宝"系列。如今，Ming 和 Moghul 莫卧儿系列已经成为 Vintage 时装珠宝领域可遇不可求的稀世珍宝。

# 她什么也看不见，眼里只有 Trifari

　　1950 年，Trifari 为纪念公司成立 25 周年，推出了一系列极具感染力的"蒙眼"海报。"她什么也看不见，眼里只有 Trifari""Trifari 让你更有勇气露出每一寸肌肤""Trifari 让你随时随地展现新项链"……如此"蛊惑人心"的语句，如此巧妙却又让人心甘情愿地为之痴迷，没有点定力实在是难以抗拒，而这只有 Trifari 能做到。当然，Trifari 的底气来自其始终如一的高品质和设计生命力。

名称
女王登基系列
品牌
Trifari
年代
1953

质地品类
永不褪色的合金
（专利）

　　1952 年，美国前总统艾森豪威尔夫人玛米·艾森豪威尔（Mamie Eisenhower）为参加总统就职典礼特别委托 Trifari 为其设计珠宝饰品。这位第一夫人一生钟爱粉色，她选了一袭镶有 2000 颗绣花水钻的粉缎礼服，这套礼服让"泡泡糖粉色"成为 20 世纪 50 年代的流行色。阿尔弗雷德则相应地为她设计了配套的珍珠项链、手链和耳坠，第一夫人很是满意，于是在 1957 年的总统连任就职典礼上，再次委托 Trifari 为其量身定制珠宝首饰。

　　在大西洋彼岸的欧洲，Trifari 同样声名大噪。巴黎 Lanvin（浪凡）品牌创始人的女儿，也是品牌总监，也开始佩戴 Trifari。在伦敦，Trifari 时装珠宝出现在高级定制时装大师诺曼·哈特内尔（Norman Hartnell）的工作室里。1953 年，英国女王伊丽莎白二世在加冕大典上所穿的服装便出自诺曼·哈特内尔，女王佩戴的皇冠胸针和耳环则来自 Trifari，由阿尔弗雷德亲自设计。

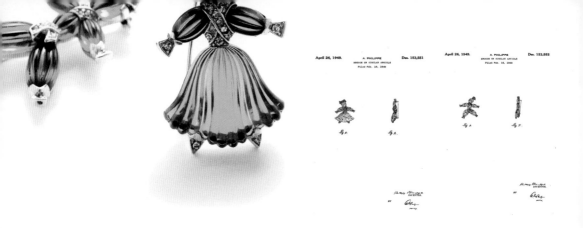

除了经典款，阿尔弗雷德偶尔也会在闲情逸致时设计一些可爱的人物胸针，如 1943 年的 Nenette & Rintintin 纯银胸针、1947 年的俄罗斯跳舞娃娃 Tasha 和 Sasha 胸针，以及 1949 年的 Pom-Pom 和 Tom-Tom 系列胸针。面对年轻消费者，1967 年 Trifari 还推出了 "Pet Serious" 系列胸针，每枚胸针只卖 6 美元。总之，款式繁多，风格多样。

60 年代，Trifari 推出了采用月光石打造的婴儿乳牙系列珠宝，每一颗珍珠都宛如稚嫩而珍贵的婴儿乳牙，经过雾面处理后的珍珠显得更加温婉，并且为了不夺珍珠的光芒，用灰色哑光莱茵石进行点缀。后来到了 80 年代，已被易主的 Trifari 曾试图对这一经典系列进行复刻，但是材料和工艺却相差甚远，满满的都是硬邦邦的笨拙感和廉价感。

除了脑洞大开、精细入微的设计，阿尔弗雷德还把专属于卡地亚等高端真珠宝的隐秘式镶嵌（密镶）工艺运用到了 Trifari 的作品中，并且提升了镶嵌技巧和难度。隐秘式镶嵌是一个复杂的过程，镶座与宝石都要经过细心雕刻，每颗宝石在工匠手上至少需要 90 分钟的雕琢。对于结构繁复的珠宝，一位工匠需要花费数百甚至上千个小时来制作，

名称
俄罗斯跳舞娃娃胸针
品牌
Trifari
年代
1949
质地品类
白银镀铑 \ 琉璃

142

名称
密镶系列
品牌
Trifari
年代
1937—1950
质地品类
合金＼琉璃

名称
**Baby tooth 婴儿牙系列**
品牌
**Trifari**
年代
**1950**
质地品类
**合金镀金 \ 仿珍珠**

比如被"骨灰级"藏家茱丽·米勒用在《复古时装珠宝鉴藏》一书封面上的那枚经典花形水钻胸针即为代表。

当然，Trifari 在时装珠宝领域的地位和影响力绝不止步于产品设计，在时装珠宝的发展历史上，Trifari 好比行业的标杆：钻研开发新型材料，推出新的设计，甚至连版权标识也是由 Trifari 首创的。1955 年，和 Chanel（香奈儿）公司的一场版权官司让各家品牌开始纷纷效仿 Trifari，为自家出品的首饰打上了版权标记"©"。

1956 年是令人伤感的一年，创始人古斯塔沃和里欧在前后一个月内相继去世，他们各自的儿子开始参与管理 Trifari 公司。最后一位创始人卡尔一直在公司工作，直到 1964 年去世。1968 年，在推出极尽绚烂的谢幕之作"烟花"系列后，即将步入古稀之年的阿尔弗雷德离开了他付出了毕生心血和情感的 Trifari。这套烟花系列仿佛耗费了年迈的阿尔弗雷德的最后气力，两年后，阿尔弗雷德与世长辞。

名称
**烟花系列**
品牌
**Trifari**
年代
**1968**
质地品类
**合金镀金**

在此之后，Trifari 也一直在物色像阿尔弗雷德一样伟大的设计师，甚至还短暂地邀请了阿尔弗雷德的儿子担纲设计，但再也没有人能重现阿尔弗雷德当年所缔造的高光时刻。1994 年，Trifari 被 Monet 集团收购。2000 年，Monet 集团又被美国丽资·克莱本（Liz Claiborne）集团收购，Trifari 的标记不复存在，自此 Trifari 画上了终结的句点，它的辉煌成为过往。但谁也不会忘记 Trifari 的王者地位，以及敢为人先的胆识和匠心本色，Trifari 的每一枚时装珠宝都骄傲地述说着她昔日的荣光。

## 收藏 Tips

关于打标：

1925—1930 年中期：KTF（带有 KTF 钢印的产品都是比较早期的产品，并且非常稀有，收藏价值也较高）；

1937 年以后：TRIFARI PAT. PEND. 或 PAT. Number（"T"字上有个小皇冠。对于皇冠的来历，有的资料说是因为皇冠系列受欢迎所以被添加到标识中，有的资料则说是因为其被誉为"莱茵石之王"）；

1955 年以后：Trifari ©；

20 世纪 70 年代：Trifari（从其标志中删除了皇冠，并在版权标记上方略修改了字体，直到 20 世纪 90 年代一直使用 Trifari ©）。

# Pennino：那不勒斯王子

        1927年，来自意大利贵族家庭，也是金匠世家的三兄弟在纽约成立了Pennino Brothers珠宝公司，他们雇用了来自家乡的工匠，采用上乘奥地利水钻等优质材料，打造出独具意大利传统风格的时装珠宝。三兄弟在家乡被称为"那不勒斯王子"，他们有着贵族的谈吐和举止，家族中也的确有着一小部分王室血脉。

        1904年，16岁的Oreste跟随父亲Pasquale来到美国，学习珠宝知识、技能和艺术。1908年，父亲Pasquale去世。1926年，Oreste以自己的名字注册了公司。第二年，三兄

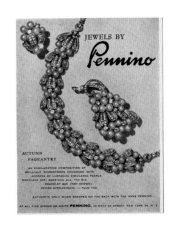

弟共同注册了 Pennino Brothers 公司，品牌命名为"Pennino"，由 Oreste 担任设计师，Frank 是首席工匠，Jack 负责销售和市场营销。

Pennino 的出品做工考究，经常采用镀铑、镀金、纯银和 14K 镀金工艺，并选用上乘的莱茵石进行镶嵌。Pennino 的设计倾向于使用抽象图案和曲线，最受消费者喜爱的图案有弓形、花卉和卷轴等。20 世纪 30—40 年代，Pennino 凭借精湛的意大利匠人工艺将品牌带入了繁荣的顶峰，尤其是鸡尾酒风格珠宝备受青睐。

1960 年，Frank 不幸患上眼疾，遗憾的是，整个家族中已经没有人能继承他们的珠宝事业了。六年后，随着 Frank 彻底失明，公司宣告停产，原有的模具也被一并销毁。Pennino 时装珠宝存世不多，在 Vintage 市场也是一枚难求。

名称
花卉胸针
品牌
Pennino
年代
1930—1940
质地品类
白银镀铑 \ 白银镀金 \ 琉璃 \ 莱茵石

# Coro：首饰学院

1929 年纽约股市大崩盘，许多公司转眼间灰飞烟灭，但 Coro 除外。

"在别人贪婪时恐惧，在别人恐惧时贪婪。" Coro 的崛起应验了"股神"巴菲特的这句名言。

在万千家大大小小的公司面临破产的恐惧之时，Coro 的创始人决定进行公开招股，Coro 也因此成为时装珠宝领域最早上市的企业，而且进行了两次公开招股：一次在大萧条时期伊始，另一次在二战结束后。这种逆潮流而上的

名称
浮雕花卉双夹套组
品牌
Coro
年代
1936
质地品类
纯银镀金 \ 珐琅彩 \ 莱茵石

举措让 Coro 在时装珠宝行业站稳了脚跟。

在鼎盛时期，当同行业的公司平均只有 100 人规模的时候，Coro 公司的雇员多达 3500 人。他们还为学生提供了大量用工作换取学费的机会，所以 Coro 在业内还拥有"首饰学院"的美称，为整个珠宝行业培养和输送了众多人才。

时光若是能倒回到 80 年前的美国，你会发现有一家时装珠宝品牌，其门店几乎覆盖了全美大大小小的城市，有点类似今天风靡全球的快时尚品牌 Zara 和 H&M，这家店便是 Coro——美国乃至全球一度规模最大的时装珠宝制造商。

## 在别人贪婪时恐惧，在别人恐惧时贪婪

和大多数由珠宝工匠起家的品牌不同，Coro 的创始人是两位商人：伊曼纽尔·科恩（Emanuel Cohn）和卡尔·罗森伯格（Carl Rosenberger），他们不懂艺术，却深谙做生意的门道。1901 年，二人在纽约百老汇盘下了一个小店面，售卖一些服饰小配件，店名分别撷取两位创始人姓氏的前两个字母，取名 Coro。最初的 Coro 其实就是个接订单的小门店，两人的主要工作是把揽来的订单外包给独立设计师和工匠。

阿道夫·卡茨（Adolph Katz）之于 Coro 基本上等同于阿尔弗雷德·菲利普之于 Trifari，是公司发展壮大的灵魂人物。1924 年，阿道夫·卡茨加入 Coro，担任设计总监。

在 Coro 的很多项设计专利申请书上，落款人基本上都是阿道夫·卡茨，这也使得他一度被误认为是珠宝设计师，但其实他并不亲自操刀设计，从进入公司开始，他的工作更准确地说就是从五花八门的设计图纸里独具慧眼地挑选出他心仪的方案，当然，必须是同时具有市场潜力的设计方案才能投入生产，所以说，这个职位相当于艺术总监。事实证明，他的审美品位和对市场的判断是一流的。

设计到位了，销售也必须跟得上。罗尔·马歇（Royal Marcher）便是这样一位长袖善舞的业界大拿，他担任公司销售总监，在他的带领下，Coro 的业绩年年攀升，这也是为什么公司创始人有信心投资超大规模的世界级工厂的原因。

1929 年，Coro 决定不再外包加工，而是正儿八经地开设工厂。一不做二不休，要做就做最大，他们将工厂选址于罗得岛州首府普罗维登斯——18 世纪以来，这里一直是美国最主要的珠宝制造中心。这座占地面积多达 17.2 万平方米的世界级工厂一直到 1951 年才正式建造完工，在当时，这间工厂被视为最先进的世界级珠宝工厂，配备了现代化的机器设备。

Coro 的设计包罗万象，营销策略是大小通吃，无论是高价精品还是平价时尚均占有一席之地，产品线涵盖典雅的 Coro、功能强大的 Coro Duette、奢华的 Coro Pegasus、精致的 Corocraft，以及稀有贵气的 Vendôme。Coro 很快便风靡全美，还在英国和加拿大设立了分公司。

## 风靡全美的 "二重奏"

相比 Trifari 大名鼎鼎的灵魂设计师阿尔弗雷德，Coro 则没有能特别叫得出名的设计师。Coro 的企业文化很少强调某位设计师，即便是在 Coro 工作了 30 年之久的首席设计师基恩·威瑞（Gene Verri），似乎也并没有多少人知道。

1933 年，22 岁的基恩在品牌鼎盛时期加入 Coro，一直到 1963 年底，整整工作了 30 年，在积累了足够资本和经验后，基恩决定和儿子自立门户，成立了 Gem-Craft。2012 年，百岁高龄的基恩去世。Coro 大部分知名款式的设计都出自基恩之手，而最知名的当属 1938 年出品的 "颤抖的山茶花"（Quivering Camellia）可拆分式胸针，这种左右图案近乎对称，且可拆分的形式被称为 "Coro Duette"，也被藏家们形象地称为 "Coro 二重奏"。在 Coro 二重奏胸针中，比如经典的五色猫头鹰和天堂鸟胸针，是 Vintage 藏家们梦寐以求的珍品。

Coro Duette 指的是由两个礼服夹组成的胸针，技术含

量极高，它将裙夹、领夹、胸针的功能合而为一。这种"双夹"胸针的概念，最早由高级珠宝制造商卡地亚发明，并在 1927 年取得专利，面世后反响极好，以至其他高级珠宝品牌如梵克雅宝也不得不推出类似设计。

1931 年，Coro 为其二重奏胸针申请了设计专利，准确地说，是从一家法国公司购买了专利。但很快，一直都是行业标杆的 Trifari 也不甘落后地推出了"Clip Mates"，只是叫法不同而已。Trifari 和 Coro 这两大时装珠宝巨头还因为二重奏胸针的设计专利问题闹上了法庭。到了 40 年代，Coro 二重奏胸针风靡全美，成为同行竞相模仿的物件，包括 Mazer Brothers、Marcel Boucher 以及 Pennino 在内的各大时装珠宝品牌陆续推出了自家版本的"二重奏"。

除了二重奏，Coro 还推出了"颤抖的山茶花"胸针，其设计更为精妙的是在胸针上巧妙嵌入了"颤动弹簧"工艺（entremblent），这项工艺最早诞生于 1675 年。当人们戴上它时，镶嵌了钻石的枝叶随着人体的行动微微颤动从而使钻石看起来更加闪耀，左右两边的花蕊也会因佩戴者行走和身体的运动而自然颤动。

Coro 的设计团队分工比较细化，设计师各自专攻某一小块领域。弗朗索瓦（Francois）的设计专长是花卉胸针和耳环；奥斯卡·弗兰克·普拉科（Oscar Frank Placco）专攻机械装置；卡罗·麦克唐纳（Carol McDonald）主要负责皇冠的设计；莱斯特·加巴（Lester Gaba）在二战期间专门负责爱国胸针的设计。

1943年，Coro 正式成立了集团公司，这一时期，Coro 胸饰的体量变得更大更立体，品牌也迎来了她的黄金时代，大型仿宝石设计和镀金镀铑工艺被普遍运用，成为这一时期 Coro 首饰的显著特色。二战时期，由于金属配额的限制，Coro 开始使用银这一材质。二战期间，Coro 产能的 70% 被用于军事生产，同时仍然保留了少量精品首饰的制作。二战后，Coro 开始顺应市场，设计了一些轻巧简洁的款式，比如经典的芭蕾系列。

名称
芭蕾舞者胸针
品牌
Coro
年代
1953
质地品类
合金镀金 \ 莱茵石

植物花卉和浪漫题材是 Coro 最为擅长的：鸟儿栖息在枝头，或用细链相连，成双成对，柔情缱绻；枝叶上盛开着花儿，华丽而浪漫。Coro 还精心打造出诸多活泼俏皮且充满情趣的生活化场景：新人在蜜月车上相依相偎，迷你车轮甚至还能转动；男人骑着自行车，车筐里载着花束，满心欢喜。

## 无可奈何花落去

　　1953 年，如日中天的 Coro 推出了高端产品线 Vendôme，以替代之前的 Corocraft，Vendôme 系列使用了更为珍贵的原材料，采用镀金和镀银工艺，并选用产自奥地利和捷克斯洛伐克的上好莱茵石，以及清澈多彩的 Lucite 树脂和润泽饱满的人造珍珠。为了避免自家品牌恶性竞争，Vendôme 的门店是不允许和 Coro 的中低端产品一同出现的。

名称
**宫廷系列**
品牌
**Coro**
年代
**1940—1950**
质地品类
**纯银镀金\ 莱茵石**

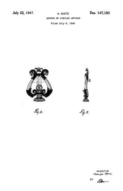

名称
交响音乐会系列
品牌
Coro
年代
1947
质地品类
纯银镀金

市场对 Coro 的迷恋以及 Coro 的经营盛况一直持续到 20 世纪 50 年代中期。当大势已去，繁复的设计并没能逆转时代的潮流，Coro 的经营压力越来越大。1957 年，85 岁高龄的罗森伯格去世，同年，公司 51% 的股权被出售给了 Richton 公司。

20 世纪 60 年代，当珠饰首饰日渐风靡，Coro 却近乎顽固地坚守着昔日的产品线，当销量出现严重下滑后，又急功近利地试图直接从国外采购珠饰进行贴牌销售，这反过来沉重打击了 Coro 自身的首饰工厂。70 年代，Coro 的市场份额已经被以 Monet 为代表的后起之秀超越，甚至日本、中国台湾、中国香港的对手们也在蚕食它的市场份额。Richton 公司试图力挽狂澜，但为时已晚。

1979 年，Coro 品牌停止运营，只剩下加拿大多伦多的一间工厂继续生产，苦撑了近 20 年后，这个曾经在时尚界叱咤风云的首饰品牌终究没能迎来自己的百岁生日。

## 收藏 Tips

关于打标：

1901—1918 年：CR（分别代表两位创始人）；

1919 年：Coro；

1937 年：推出高端产品，打标 Coro Craft；

1944—1947 年：CoroCraft；

1945 年后："飞马"标志开始出现。

# Miriam Haskell：天才少女的逆袭

1924 年，正在芝加哥大学读大三的犹太裔姑娘米利亚姆·哈斯克尔（Miriam Haskell）决定辍学，她拖着行李箱，兜里揣着 500 美元，加入了涌向纽约的人潮中，没错，"得去纽约闯一闯"。

这是一位幸运的女孩，仅仅两年时间，27 岁的她便在纽约知名的 McAlpin 酒店盘下了一家店面，拥有了自己的精品店，定位很明确——专攻结构繁复、细节精致的巴洛克风格时装珠宝。

名称
巴洛克风格系列
品牌
Miriam Haskell
年代
1930—2000
质地品类
镀铜（"俄罗斯金"）\ 琉璃 \
合成材质仿珍珠(琉璃塑料附涂层)

　　夸张且充满梦幻色彩的设计、错综复杂的掐丝镀金工艺，Miriam Haskell 在材质、工艺、造型、细节上的用心和极致，让模仿和复制者都望而却步，尤其是最具代表性的巴洛克珍珠和掐丝手工工艺，以及对俄罗斯古董金色的运用技巧，几乎成为 Miriam Haskell 的独家招牌。

　　经济萧条的 20 世纪 30 年代，恰恰是时装珠宝的黄金年代，高端珠宝店门可罗雀，买不起真金白银的人们纷纷投入了时装珠宝的怀抱。Miriam Haskell 时装珠宝很快在纽约东海岸各大高级百货商店热卖，同时还俘获了一票好莱坞明星和政要名流，他们甚至每年专程来参加 Miriam Haskell 为高端人士举办的私人预售会。

## 犹太裔少女缔造的商业传奇

1899 年 7 月 1 日，米利亚姆·哈斯克尔出生于美国印第安纳州的一座小城，父母是俄裔犹太人，经营着一家干货店，家境还算殷实。

1926 年，她在纽约开设了属于自己的精品店，受到俄国沙皇时代设计风格的影响，Miriam Haskell 的作品中蕴藏着一种贵族气质。开业不久，她设计的时装珠宝便被名媛贵妇们疯抢。很快，米利亚姆·哈斯克尔又趁热在纽约西 57 街盘下了一家店面。

巴黎、加布隆迪、威尼斯和奥地利小镇瓦腾斯——这些是米利亚姆常年辗转奔波的地方。她通常带着设计师一同前往，先是她最早的搭档弗兰克·赫斯（Frank Hess），赫斯是米利亚姆从纽约梅西百货挖来的橱窗陈列师，也是 Miriam Haskell 品牌的第一位主设计师，是米利亚姆合作长达三十多年的伙伴，再后来是罗伯特·克拉克（Robert F. Clark）。他们以近乎吹毛求疵的态度选择和比较各种原材

料，因为对材料过于讲究，甚至严苛，满世界寻觅顶级的材料成了米利亚姆的主要工作之一。

细心的藏家会发现，Miriam Haskell 早期的产品几乎很少打标，据说是因为米利亚姆·哈斯克尔并不是设计师，而是审美一流、眼光一流，且极具生意头脑的商人。一般情况下，产品由弗兰克·赫斯设计，赫斯和助理一起完成初制样品后，便交给其他设计师和工匠进行生产。手工制作一件首饰通常耗时三天，所以 Miriam Haskell 的首饰存世量不大，一些高端的款式甚至都是孤品。

光阴荏苒，近百年来，喜欢 Miriam Haskell 的明星不在少数。如果说必须为 Miriam Haskell 时装珠宝选一位代言人的话，那一定是好莱坞巨星琼·克劳馥，这位超级疯狂的粉丝收集了 Miriam Haskell 从 20 年代到 60 年代的几乎所有首饰，在她去世后的遗产拍卖会的座席上，甚至有前来为品牌搜集历史资料的 Miriam Haskell 团队。

极尽的繁复与华丽——这正是琼·克劳馥成为 Miriam Haskell 忠实粉丝的原因。

## 相中日本巴洛克珍珠，并独家垄断

　　Miriam Haskell 从品牌创立开始其产品定位就很清晰——走高端路线。米利亚姆从欧洲请来技艺精湛的工匠和设计师，并选用最上乘的原材料——来自威尼斯穆拉诺岛上的琉璃珠、奥地利的水晶和莱茵石，还有作为品牌招牌的人造巴洛克珍珠。巴洛克珍珠表面凹凸不平，包浆却平滑完整，佩戴者举手投足间会折射出天然珍珠所没有的斑斓光泽，而那些小珠粒则是烧琉璃时凝结的小原珠，经过手工滚珍珠粉、滴釉、烧制等十几道复杂工序而制成。如今基本上已找不到这样的人造巴洛克珍珠了，一是工艺复杂造价高昂，二是淡水巴洛克珍珠以及人工养殖的大珍珠越来越多，假的则太贵了。

　　精选的树脂、琉璃、珊瑚、莱茵石等优质原材料被组合在一起，每颗珠子、每粒水晶都完全用手工串到错综复杂的镀金掐丝上，然后再串上第二根金丝，还要掩饰连接痕迹，有时候仅做完一片掐丝结构就要花三天时间。珍珠色系包括温婉白、柔和粉、香槟金和烟熏灰等。镀金后配上一簇簇人造巴洛克珍珠和水钻，每一颗珍珠之间都有金

品牌

Miriam Haskell

年代

1950

质地品类

莱茵石 \ 赛璐璐

属作隔断，甚至连项链的搭扣等配件上都有金属和水晶的花形，被誉为"用繁复的手工技艺打造令人赞叹的首饰。"

单层或多层套叠的珍珠项链基本上等于 Miriam Haskell 的名片。品牌选用来自日本的，被称为"最令人钦佩"的人造珍珠。在此之前，最好的人造珍珠来自法国的加贝洛内斯（Gablonz），但是从 30 年代起，日本开始出产一种高质量的仿珠，经过一番调研后，Miriam Haskell 认定并开始热衷于使用这种深色的、有光泽的人造巴洛克珍珠，并且独家垄断。这个决定事后证明是非常英明的，经历了半个世纪的洗礼后，依然没有一家时装珠宝品牌的珍珠可以和 Miriam Haskell 的珍珠媲美。

## 走不出二战阴影的传奇女性

遗憾的是，在品牌迎来黄金时期时，正当年的米利亚姆却病倒了，这位细腻敏感的女子未能走出第二次世界大战的阴影而患上了抑郁症。1950 年，她把公司出售给了弟弟约瑟夫·哈斯克尔（Joseph Haskell），但是五年后，公司又被转手。1960 年，公司元老级人物弗兰克·赫斯退休。在此之后，公司又经多次转手，但幸运的是一直恪守着品牌标志性的设计风格。

饱受抑郁症困扰的米利亚姆·哈斯克尔和年迈的母亲一同生活在纽约中央公园南侧的一套公寓中，度过了凄冷的晚年。1981 年 7 月 14 日，过完 82 岁生日后的十几天，米利亚姆·哈斯克尔与世长辞。

撰稿人帕姆菲洛夫（Pamfiloff）曾这样评价她："很明显，她的传奇和理想一直影响后人几十年，这是一个男人的世界，设计师、公司老板、工作人员、销售人员，所有的人都是男人，然而，你和 Coco Chanel 女士，超越了他们所有人，仅有的少数女性在世界上留下自己的印记，你做到了！" Miriam Haskell 因其超凡的工艺和极致的繁复在 Vintage 时装珠宝界拥有无可比拟的影响力，米利亚姆·哈斯克尔也成为与 Coco Chanel 女士齐名的时尚先锋。

**收藏 Tips**

关于打标：

1950 年之前：从未系统性打标；

1950 年由其弟弟接管公司事务后："Miriam Haskell" 椭圆形商标；

1940 年特例：很短的时期，应一家新英格兰商店的要求为其首饰打上马蹄形商标，带有这种商标的首饰如今非常罕见。

Hobé

# Hobé：好莱坞之选

2017年，一条1937年出品的Hobé项链被拍卖到了12 000美元！

1887年，法国王室珠宝商雅克·侯贝（Jacques Hobé）在巴黎创立了Hoe-bay珠宝公司，曾任法国宫廷首饰师的雅克以精湛手艺闻名。20世纪20年代，他的儿子威廉·侯贝（William Hobé）搬到纽约，先是开了一家当时在纽约盛行的生产高档纽扣的公司，1927年顺应潮流将业务转向了时装珠宝，成立了Hobé Cie珠宝公司。

来美国之前，威廉就已经是小有名气的珠宝工匠和时装设计师了，这也是为什么20年代中期，他能被百老汇著名的"齐格菲歌舞秀"（Ziegfield Follies）看中，并受邀创作剧中人物佩戴的珠宝，这笔成功的大生意不仅为威廉赚足了人气，也直接推动了 Hobé Cie 珠宝公司的创立。"齐格菲歌舞秀"曾是二三十年代美国百老汇戏剧辉煌的象征。威廉就这样在贵人的指引下打开了一个巨大的市场，随后他开始为许多好莱坞电影设计珠宝饰品。Hobé 首饰成为导演和演员们心目中的"好莱坞之选"，上流社会的太太们争相疯抢，趋之若鹜。到了四五十年代，Hobé 迎来了巅峰。

随着产业不断壮大，威廉的两个儿子罗伯特（Robert）和唐纳德（Donald）也加入了家族事业，罗伯特的儿子詹姆斯（James）曾于1970—1984年担任这家由祖父创立的品牌的首席设计师。

从花卉到动物，从 Art Deco 到现代主义，Hobé 首饰的题材和风格丰富且多元，最受追捧的是带有流苏和纯银小花的款式，以及串珠项链。值得一提的是，这一多少有些王室渊源的品牌还对经典的王室饰品进行了复刻。

20世纪70年代，随着时装珠宝大势已去，Hobé 的辉煌也一去不返。威廉的儿子唐纳德坚守着父亲创下的家业，直到1995年，公司停止运营。

## 收藏 Tips

关于打标：

Hobé 时装珠宝从最初产品就开始打标，其标志为品牌名称的各种变体：品牌名以椭圆形、三角形或多边形形式出现，因此在 Vintage 首饰市场很容易识别。

名称
紫水晶花瓶胸针
品牌
Eisenberg
年代
1940
质地品类
纯银镀金 \ 水晶 \ 莱茵石

# Eisenberg：华美的璀璨

Eisenberg 品牌创始人 Jonas Eisenberg 出生于奥地利，1885 年移民美国并于芝加哥定居，1914 年，他和儿子一起创立了 Eisenberg & Sons 公司，主要经营高级女装，并在服装上用时装珠宝加以点缀。

随着 20 世纪 30 年代经济危机的爆发，Jonas 开始构想新的行当以度过艰难的时日，那就是经营用于搭配服装的亮闪闪的大胸针，没想到的是，胸针比服装更受欢迎。1940 年，Jonas 和儿子 Sam 干脆创立了 Eisenberg 珠宝公司，除了经营胸针外，还生产皮草夹、耳夹、耳钉、手镯和项链等。1958 年，公司彻底关闭了服装生产线，全心投入时装珠宝的生产中。当然，Jonas 一家并不是做珠宝起家的，于是他们将珠宝制作外包出去。公司创立之初，由来自芝加哥的 Agnini & Singer 担纲设计，随着独立的时装珠宝产业线的推出，开启了和 Fallon & Kappel（F&K）公司的独家合作，一直到 70 年代 F&K 公司关闭。

Eisenberg 时装珠宝的题材涵盖美人鱼、芭蕾舞演员、国王、王后、穿靴子的猫、昆虫等，也有一些抽象图案。风格跨越 Art Deco（装饰艺术）和现代艺术，擅长使用互补颜色如粉色和紫色，以及选用同一色系的浅色和深色切面宝石或圆宝石，力求呈现出迷人的组合色彩，并选用顶级的金属和璀璨的施华洛世奇水晶等材质。20 世纪 40 年代中期，还推出了 14k 金首饰和一系列由墨西哥工匠制作的绿松石饰品。

1969 年，Jonas 的孙子接管公司并于 70 年代推出了备受欢迎的"艺术家系列"珐琅彩珠宝，当时的当红艺术家包括考尔德、夏加尔、米罗和毕加索都参与到了珠宝设计中，于是我们有幸看到了几何状的抽象设计，以及手绘的向日葵、睡莲等。

1977 年，公司与另一家珠宝商合并，最终于 2011 年停业。

### 收藏 Tips

关于打标：

1938—1942 年：波浪状的 Eisenberg Original；1943—1944 年：因为贵金属被限制使用，所以打标为 Eisenberg Original Sterling；1944—1948 年：Eisenberg Sterling；20 世纪 40 年代末—50 年代初：E 或 EISENBERG；1958—1970 年，大部分没有打标；20 世纪 70 年代后：Eisenberg Ice（粗体）。

# Schreiner：像造房子一样造胸针

美国收藏界有句佳话："没有平凡的 Schreiner。"(There's no average Schreiner.) 如果一款 Schreiner 胸针不能让你感觉又大又炫、结实得能砸人的话，要么是照片有问题，要么它就不是 Schreiner。更确切地说，甚至没有相同的一款 Schreiner 胸针，其含义为它堪称胸针界的高级定制。但是，Schreiner 的成功在于此，而最终难以为继也在于此，这也是为什么今天有的藏家只收藏 Schreiner 胸针，并以此彰显自己的时尚态度。

Schreiner 几乎是在众多时装珠宝中你一眼就能辨认出来的：配色清新且梦幻，造型奇特且反常规，量身定制

品牌
Schreiner
年代
1950—1960
质地品类
合金 \ 水晶

的上等石材、倒置镶石工艺和深邃的穹顶设计、方寸之间的层次起伏以及与真珠宝无二致的璀璨光芒，这一切让 Schreiner 奢华却不俗气，甚至还有些诗意的浪漫。在诸多品牌争奇斗艳时，Schreiner 几乎是自成一派——不紧不慢，像做行为艺术或者玩转魔方一样去拼搭珠宝。Schreiner 技艺精湛的工匠们对外界的喧嚣充耳不闻，潜心钻研纯手工镶嵌技艺，几乎每一款 Schreiner 胸针的观感、触感都让人感叹其既可远观，又可近瞻，这也是为什么 Schreiner 能俘获众多明星和政要精英的原因，其中包括传奇女星玛丽莲·梦露以及美国前总统奥巴马夫人米歇尔·奥巴马。

Schreiner 胸针存世并不多，甚至很多都是孤品，这成就了 Schreiner，也最终葬送了 Schreiner，因为手工拼镶的成本实在是太高了。

品牌
Schreiner
年代
1950—1960
质地品类
合金 \ 水晶

## 把城堡戴在胸上

Bonwit Teller's own
Fortune Tellers
Fortuitous fashion omens
to bring out the gypsy in you
our hand painted porcelains
and carved flower discs set into
the glitter of gold-colored metal.
Combinations of beige
and turquoise,
black or red with orange,
the pin in orange,
black or green.
Pendant necklace, 35.00
Large pin, 13.00
Drop disc earrings, 6.00
Mail and phone orders filled.
Costume Jewelry, First Floor
Fifth Avenue at 56th Street,
New York.

BONWIT
TELLER

　　Schreiner 胸针的独门秘籍便是"倒置"镶石工艺，也就是将水钻反向镶嵌（水钻尖头向上而不是向下）。"这样更持久"是 Schreiner 的核心理念之一。为了持久，Schreiner 选择了复杂的工艺：所有水钻都采用爪镶方式镶嵌，绝不用胶水；所有的连接处全部用单点焊接完成；用钩眼结构将复杂的单个结构牢牢固定在一起，宛如一座小城堡。正因如此，佩戴体验非常好，安全感极强，因为对力学原理的完美把握让胸针的重量被分散到各个角度。

　　Schreiner 胸针使用的水钻几乎清一色来自施华洛世奇，即使在施华洛世奇的同款水钻中，Schreiner 也往往选择切面最多的，因此也是最炫目的，当然价格也是最高的，保存良好的 Schreiner 胸针就像吃了不老仙丹般穿越半个多世纪依旧璀璨夺目。除了选择结实耐用、能够长期保持色泽的材料以外，Schreiner 的审美品位也堪称一流，柠檬绿、宝石绿、翡翠绿、天青蓝、嫩粉、珊瑚红、薰衣草紫——这些 Schreiner 常用的颜色经过设计师的完美搭配后，辨识度极高。

Schreiner胸针最让人过目不忘的是其帆拱式的穹顶结构，这让人联想起巧夺天工的土耳其蓝色清真寺和意大利佛罗伦萨圣母百花大教堂。蓝色清真寺——世界十大奇景之一，众多建筑师的梦想之地，清真寺大殿内的圆形穹顶宏伟高大、结构精妙。圣母百花大教堂则解决了古罗马建筑悬而未决的问题——如何在方形基座上搭建一个完整的半圆穹顶，其独特的结构形式——帆拱硕大的主穹顶由12个小穹顶共同支撑，简直令人拍案叫绝。

## 来自德国的铁匠

1898 年，亨利·施莱纳（Heinrich Schreiner）出生于德国南部巴伐利亚州的一个中产家庭，从小便接受了良好的教育和艺术熏陶，对歌剧尤其热爱。第一次世界大战期间，亨利应征入伍。战争结束后，为了移民美国，他开始学习铁匠工艺。1923 年，亨利来到美国，他发现社会上已经出现了汽车和电气化，于是他不得不进行新的职业规划，陆续去了好几家电气公司工作。

20 世纪 20 年代的美国，女鞋的鞋扣需求量极大，于是在 1927 年，亨利到一家生产鞋扣的公司工作，由于老板不善经营，最后把快倒闭的公司贱卖给了亨利，来充抵拖欠亨利的工资，就这样，亨利误打误撞地自己当了老板，但是他并没有继续做鞋扣，而是转向生产纽扣、皮带扣和时装珠宝。在装饰艺术（Art Deco）盛行的年代，亨利家的纽扣也顺应潮流，推出了上万种款式，各种尺寸和颜色应有尽有，掐丝工艺、花草主题搭配镀金或镀银工艺使得他的纽扣生意非常火爆。

1943 年，Schreiner 珠宝公司正式成立。公司刚成立的时候雇员并不多，订单多的时候，亨利的太太便会帮着做一些手工镶嵌的活儿，他们的女儿泰瑞（Terry）早在 12 岁时就开始帮忙，顺便挣点零花钱，泰瑞长大后跟着父亲一起打理公司，并将产品重心转向了时装珠宝。

逢年过节的时候，亨利会让公司里的每一位雇员选择几款自己喜爱的首饰作为节日礼物送给家人们，而这一切都是免费的，如此慷慨有人情味的做法在当时同行业里都是唯一的。带薪节假日、保险等诸多福利也为 Schreiner 培养了一批忠实的员工，据泰瑞回忆，有很大一批员工在她的父亲去世后继续留在公司工作，有的员工甚至工作了 25 年以上。

## 像拼魔方一样去搭配珠宝

亨利并不是设计专业出身，但是他深知设计的重要性，他花重金请来了高级定制服装品牌的设计师，派他们去当时的时尚之都巴黎取经，回来分享巴黎的见闻。在亨利的整个职业生涯中，和设计师的合作一直被放在首要位置。在工艺上，Schreiner 做出了重要转变，减少了金属的比重，从而使得产品更轻盈、更易于佩戴。40 年代初，Schreiner 几乎不再使用铸造工艺了。

一次机缘巧合，亨利认识了一位来自捷克斯洛伐克的石材商费斯（Feix），他简直为亨利打开了一扇新的大门。亨利定期给费斯发送石材订单，备注好需求，费斯则根据需求去物色质量上乘的石材。

1954 年，亨利因病去世，他的女儿泰瑞和女婿安布罗斯（Ambros）接管了公司。安布罗斯不是设计专业科班出身，而是工程师出身，接管公司后不久就一头钻进了设计领域，泰瑞则负责公司运营。事实证明，安布罗斯简直是个设计

天才，他对音乐和艺术充满热情，虽然没有接受过专业训练，也没有设计专业背景，但正因如此，他的心态更为开放，他从四面八方寻找设计灵感。1957 年，安布罗斯设计出了经典的 Ruffle 胸针，琴键般的梯形石模拟出一片片娇嫩的花瓣，花瓣似乎在不规则的焊接中摇曳，高低起伏，满满一捧将近 9 厘米长，仿佛永不会凋零。Ruffle 胸针一经问世便受到热捧，成为公司的扛鼎之作，甚至成为整个时装珠宝行业的名片之一。

相比更为保守的老丈人，安布罗斯要开放得多，他设计的胸针尺寸也要大得多，大家给他穹顶般深邃的设计取名"mile-highs"（几英里高）。安布罗斯设计的胸针，有些款式的侧面比正面还好看，极具建筑感的三维视觉效果，像万花筒般折射出奇异的光芒。

1974 年，安布罗斯病倒后，泰瑞做出了一个艰难的决定——关闭 Schreiner。虽然她知道没有安布罗斯掌舵设计和生产，她也能独自带领公司再撑一段时日，但是她更清楚，高端时装珠宝大势已去。1975 年，公司停产。

至今，知名时装珠宝设计师莱瑞·维尔巴（Larry Vrba）、阿兰·安德森（Alan Anderson）都以各自的方式致敬经典的 Ruffle 胸针。而知名品牌 Louis Vuitton、Nolan Miller 以及来自加利福尼亚的 Jarin Kasi 都从 Schreiner 的设计中汲取灵感，甚至试图复刻当年的设计。不过 Schreiner 并没有因此感到困扰，泰瑞说："父亲常说，如果没人抄袭你，那么就说明你微不足道了。"

在亨利·施莱纳去世 60 年后，设计师们依然还会从这家 30 年代成立的品牌的经典作品中寻求创作灵感，这是一件多么值得骄傲的事！

### 收藏 Tips

**关于打标：**

早期：不打标。Schreiner 主要与当时著名的高级定制时装设计师合作，为他们的服饰制作和搭配合适的时装珠宝，因为是作为高级定制时装的配饰，Schreiner 的饰品从那时起基本上都没有打标，并且很难识别。

20 世纪 40 年代末至 50 年代初：有的作品打标 Schreiner Jewelry N. Y. C.、Schreiner New York、Schreiner。耳环背后通常打标 SCHREINER。Schreiner 标识一般刻在饰品的背面，形状为椭圆形或半扇形。

注：给 Schreiner 作品断代通常是一件非常复杂的事情，泰瑞表示，有些作品在很多年前就已设计出来，但是经过很久才决定制作，或者投入到零售市场中。

# 能以假乱真的 Mazer 和 Jomaz

如果有一件首饰，其价格只有真珠宝的百分之一，甚至万分之一，但佩戴效果却极尽相同，你会如何选择？就像女人的衣橱里永远缺少一件衣服一样，我想，足以以假乱真的 Jomaz 一定是你的明智首选。

Jomaz 品牌的前身是马泽尔兄弟（Mazer Brothers）公司。Mazer 家族来自俄罗斯，这是一个人丁兴旺的大家族，并且有着王室血统，家族中有七个儿子，在 1917~1923 年，全家陆续移民美国。1927 年，约瑟夫（Joseph）和路易斯（Louis）兄弟俩成立了 Mazer Brothers 公司，几乎是和第一批时装珠

名称
陶瓷玫瑰胸针
品牌
**Mazer**
年代
**1940**
质地品类
纯银镀金 \ 白银镀铑 \ 陶瓷 \ 莱茵石

名称
绣球花胸针
品牌
**Mazer**
年代
**1940**
质地品类
白银镀铑 \ 珐琅彩

宝公司 Trifari、Coro 以及 Miriam Haskell 于同一时期创立
的，不过 Mazer Brothers 公司最初主要经营皮鞋扣，一直到
1929 年经济大萧条时，依然没有停止皮鞋扣的生产。

　　然而这个以皮鞋扣起家的时装珠宝公司却成了时装珠
宝行业里最能以假乱真的品牌，富家子弟不计成本地投入
以及俄罗斯民族性格中的高贵、冷艳都能从其珠宝中窥见
一二，这曾是一个戴着王室光环的品牌。

　　当时，纽约的珠宝圈子并不大，马泽尔兄弟俩和当时
在卡地亚纽约公司做学徒的马塞尔·布歇也认识，1927 年，

在马塞尔·布歇和一位珠宝商奥伦斯坦（Orenstein）的建议下，他们决定将重心转向时装珠宝。两年后，被卡地亚纽约公司裁员的马塞尔·布歇投奔了马泽尔兄弟。

毕竟马塞尔·布歇是从高级珠宝公司出来的，所以Mazer Brothers 的早期设计和工艺也都依循着高级珠宝来进行。花草缎带和蝴蝶结是早期作品的主要题材，皇冠、宝剑、东方元素，这些各大时装珠宝品牌都不容错过的主题，Mazer Brothers 一个都不落，并且紧跟 Trifari 和 Coro 推出了自家版本的双夹胸针，虽然工艺精湛，但是 Mazer Brothers 的品牌辨识度并不算高。

1937 年，才华横溢的马塞尔·布歇不想继续为别人打工，于是和太太选择自立门户。马泽尔兄弟随之请来了梵克雅宝的设计师安德烈·弗勒里达（Andre Fleuridas）担任首席设计师。1941 年，在品牌鼎盛时期，公司搬入了新的办公大楼，配备了五个豪华展厅，工厂的生产线也配备了当时最先进的除尘系统，甚至连电镀机器都是蒸汽驱动的。

## 两兄弟分道扬镳，Joseph Mazer 单飞

对时装珠宝而言，设计是灵魂。40 年代后期，Mazer Brothers 缺乏原创和想象力的设计渐渐地失去了市场，这样一个大家族眼巴巴地看着公司日渐颓败，1948 年，捉襟见肘的兄弟俩无法达成一致，最终分道扬镳。

路易斯（Louis）和儿子纳特（Nat）继续经营原来的公司，约瑟夫（Joseph）则另立门户，带着儿子林肯（Lincoln）以及搭档保罗·格林（Paul A. Green）成立了 Joseph J. Mazer 集团公司，品牌简称为 Jomaz。之后有资料表明，Joseph J. Mazer 这一名字早在 30 年代初就已经被注册，主要经营用于珠宝制作的珍贵的石头，这也是为什么 Jomaz 的设计中完美地融入了上乘的莱茵石和帕托石的原因。

Mazer Brothers 的产品数量并不多，但无论是前期还是后期，都以超凡的设计和精美的做工闻名。Mazer Brothers 充满傲娇气质的"大冰糖"（枕形切割的大块宝石）辨识度极高，相比 Mazer Brothers，Jomaz 更是把大冰糖和如何

名称
印度星芒系列
品牌
Joseph Mazer
年代
1947
质地品类
纯银镀金 \ 合成材质仿托帕石

衬托大冰糖做到了极致——用各种莱茵石排列组合出各种造型，以烘托大冰糖的耀眼光芒。Jomaz 的仿玉技术也堪称一流，从颜色到雕刻技法都极为逼真，因此，Jomaz 成了时装珠宝行业里最能"以假乱真"的品牌。

50 年代初，路易斯掌舵的 Mazer Brothers 关门大吉，约瑟夫打造的 Jomaz 坚挺到了 1981 年，但终究敌不过后起之秀的碾压，以及时代的抉择，从而画上了句号。

**收藏 Tips**

关于打标：

1927—1948 年上半年：Mazer；
1948 年下半年至 50 年代初：Mazer Bros；
1949—1981 年：Joseph Mazer、Jomaz、Jomaz ©。

# Marcel Boucher：把胸针做"活"

如果说 Jomaz 是最能以"假"乱"真"的品牌，那么 Marcel Boucher 就是把静物做"活"的品牌。

1929 年，华尔街股市大崩盘，经济大萧条开始。在卡地亚纽约公司人事办公室，来自巴黎的小伙子马塞尔·布歇（Marcel Boucher）被叫去谈话，不出所料，他和很多员工一样被裁员了。这一年，他迎来了而立之年。

马塞尔·布歇出生于法国巴黎的一个缝纫女工家庭，1920 年之前，他在法国最负盛名的卡地亚珠宝公司当学徒，

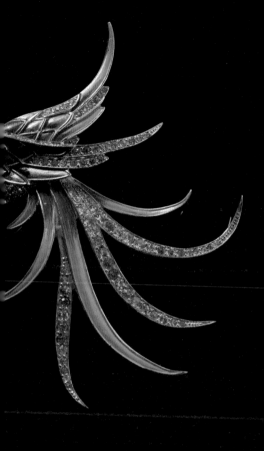

确切地说，他是制作首饰模具的工匠，而非珠宝设计师。1922 年，因为机灵又聪明，小伙子被卡地亚公司派往纽约继续学艺，每天勤勤恳恳，埋头于设计。

多年模具制作的经验，让马塞尔·布歇设计的首饰灵动且栩栩如生，其作品的逼真程度不在于材料多么像真珠宝，而是形态如同真的花瓣娇嫩欲滴，像真的鸟儿振翅欲飞。

这位来自法国的完美主义者首创三维立体设计，他设计的鸟类姿态各异，或优雅，或酷飒，有的昂首，有的回眸，有的相互凝望……

名称
珠光珐琅彩飞鸟胸针
品牌
Boucher
年代
1940
质地品类
白银镀铑 \ 莱茵石 \
珠光珐琅

名称
珠光珐琅彩飞鸟系列胸针
品牌
Boucher
年代
1940
质地品类
白银镀铑 \ 莱茵石 \ 珠光珐琅

## 从公派纽约的优等生到被卡地亚裁员的
## 模具师

在卡地亚公司工作了十余年，马塞尔·布歇发现高级珠宝逐渐受到冷落，女性开始迷上了时装珠宝。被卡地亚裁员后，好在他很快便适应了大环境，调整好状态后，很快就找到了新雇主——Mazer Brothers，他以自由设计师的身份开始为 Mazer Brothers 工作。1936 年，对自然生物造型本就非常喜爱的他，设计出一组对当时来说有改朝换代意义的流线型三维立体造型胸针。

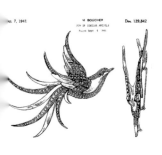

第二年，马塞尔·布歇决定和太太自立门户，并很快显示出青出于蓝而胜于蓝的潜质，他还挖来了 Mazer Brothers 公司的销售红人阿瑟·哈尔伯施塔特（Arthur Halberstadt），在为 Mazer Brothers 工作之前，阿瑟曾在 Trifari 工作了十年，这样一来马塞尔·布歇便能全身心投入设计工作，销售的事情以及公司管理全部交给了阿瑟。新公司命名为 Marcel Boucher 新潮珠宝公司，1944 年更名为 Marcel Boucher & Cie。

## 把胸针做"活"

　　1937 年 7 月，在即将推出首批产品之前，马塞尔·布歇特意回到巴黎进行了一次找寻灵感的旅行，巴黎流行的缎带和带褶的织物令马塞尔·布歇深受启发，回到美国后便挑灯夜战，埋头设计，推出了弓箭形胸针。但真正为他打响第一炮的是两年后推出的六枚立体飞鸟胸针，当时这批胸针在纽约第五大道的萨克斯百货公司代售，很快就成了畅销款。

　　在几何对称流行的装饰艺术（Art Deco）年代，Marcel Boucher 的设计是如此与众不同。无论如何，对于鸟类的呈现，我只服 Marcel Boucher，这并不是我的个人偏爱，而是 Vintage 首饰界的共识。在近百年后的今天，经过一轮轮市场拍卖和价格较量后，Marcel Boucher 的飞鸟系列胸针总是独占鳌头：天堂鸟堪称经典中的经典，金色与祖母绿及皇家宝石蓝的撞色营造出华丽丽的宫廷风；同色系的开屏孔雀也是满满的优雅；而永远被追赶却从未被超越的当属紫色飞鸟，鸟冠和肚皮由一颗颗小水钻镶嵌而成，红、绿、紫三色莱茵石恰到好处地点缀于飞鸟舒展的双翅间，

最值得一提的是飞鸟的两只翅膀并非处于同一个水平面，而是处于眼看着就要起飞的倾斜角度。凤凰胸针则气场十足，颀长的红、黄双色珐琅羽毛雕刻出凤凰浴火重生的壮丽。Marcel Boucher 的飞鸟胸针最为点睛的是眼睛和嘴巴，其传神程度让你忍不住想去摸一摸以辨真假。端详 Marcel Boucher 的飞鸟造型胸针，仿佛有一种灵动的气韵萦绕，余音袅袅。

除了设计，令人叫绝的还有他对珠光珐琅彩的巧妙运用。当别人还在钻研核心技术时，他利用独特的涂料技术让一只只飞鸟瞬间活了起来。

在与合作模具商协调细节时，这位懂行的老板恨不得将模具的使用推向极限，他的设计才华也得以表现得淋漓尽致。

## 爱钻研机械的设计师老板

马塞尔·布歇是少有的通才设计师，设计之余，他还喜欢钻研机械装置，他设计出了极其独特的"链条控制"胸针——"Punchinello"（1940年，宫廷小丑胸针），一拉一拨之间，小丑的胳膊和腿都会跟着摆动，仿佛瞬间活了起来。"Night and Day Flower"（1948年，日夜之花，花瓣能开合）和天堂鸟（1940年）、芭蕾舞者（1946年，1949~1950年）都是 Marcel Boucher 响当当的作品，艺术美感与模具制作水准双双拔得头筹。

马赛尔·布歇以自然花卉为主题设计的三维立体珐琅胸针也令其声望高涨。马塞尔·布歇对颜色也极为敏感，他对颜色的运用与拿捏恰到好处，设计配色带给人强烈的视觉冲击，而电镀和施釉工艺也极为精良。公司每年推出多达 300 种以上的款式，并且品质极高，有的客户甚至直接将他们家的产品拿给高级珠宝公司，让他们用贵金属与真宝石复刻 Marcel Boucher 的设计。

20 世纪 40 年代末，Marcel Boucher 因为三维立体设计专利和当时所占市场份额最大的 Coro 走上了法庭，并最终赢得了这场官司，这一专利也使得 Marcel Boucher 拥有了独家设计版权。

## 他想要的只有完美

　　随着第二次世界大战的爆发，美国政府对基础材料的使用开始限制，但马塞尔·布歇对原材料的选材一点不将就，于是他做出了将工厂搬迁到墨西哥的决定，这样一来，他们就能继续使用墨西哥产的银进行生产。战争结束，马塞尔·布歇又带着机器和人马返回纽约。1947 年，当整个行业都开始恢复使用更便宜的合金进行生产时，马塞尔·布歇还在坚持使用纯银材质。

　　1949 年，马塞尔·布歇的合伙人阿瑟·哈尔伯施塔特退出了公司。也是在同一年，马塞尔·布歇从著名珠宝品牌 Harry Winston 挖来了法国女设计师桑德拉·赛蒙索（Sandra Semensohn）担任设计助理。1958 年，在马塞尔·布歇身边工作了快十年后，桑德拉决定换换环境，于是去了 Tiffany 公司，但是不到三年，她又回到了马塞尔·布歇身边。没错，马塞尔·布歇和这位法国女设计师桑德拉日久生情，1964 年，马塞尔·布歇和太太离婚，并很快和桑德拉结婚，可惜的是，这段婚姻只持续了不到三个月，马塞尔·布歇便去世了，桑德拉随后开始打理公司事务。

Marcel Boucher 公司绝对是"小而美"的公司范本，公司规模始终都不算很大，1956 年，公司只有 70 名员工，和 Coro 的 3000 多人的世界级工厂完全不是一个量级。而设计基本上全部由马塞尔·布歇亲自操刀，他设计的每一款产品都堪称经典。在设计"芭蕾舞者"系列时，他的桌上就摆着一双芭蕾舞鞋，他所做的一切只是为了确认每一个细节都要比完美更完美。马塞尔·布歇几乎是将时装珠宝当作卡地亚出品的真珠宝来对待，其金属做工极为精致，莱茵石的色调和切割方式更是和真宝石别无二致，珐琅技术更是一绝。

马塞尔·布歇去世后，直到 20 世纪 70 年代早期，由桑德拉主导设计的作品深得其丈夫的设计精髓，只是设计师出身的桑德拉实在不善于打理生意，1972 年，她把公司卖给了一家美国制表商 Davorn，1976 年，公司又被转手给加拿大公司 D'Orlan，此家公司的老板是马塞尔·布歇曾经的徒弟莫里斯·布拉德尔（Maurice Bradden）。D'Orlan 还曾一度试图复刻师父当年的设计作品，但无论是设计的线条，还是原材料和质感，甚至色彩，都再也无法和当年的马塞尔·布歇媲美。2006 年，公司停业。

名称
**天堂鸟系列**
品牌
**Boucher**
年代
**1950**
质地品类
**合金镀金 \ 琉璃**

桑德拉曾这样形容这位法国男人："他想要的只有完美。" Marcel Boucher 的巧夺天工、一个完美主义者的执念全部定格在如今存世不多的 Marcel Boucher 时装珠宝中。

### 收藏 Tips

**关于打标：**

早期：Marboux 或漩涡状的 MB；

1938 年：Marcel Boucher；

1941—1945 年：Parisina（这一时期的产品在墨西哥生产）；

1942—1944 年：MB Sterling；

1944—1949 年：MB 上有一顶弗里吉亚自由帽；

1950—1955 年：Boucher；

1955—1971 年：Boucher ©；

1960 年以后：手镯打标字母 B，耳环打标字母 E 或 DE，项链打标字母 N，胸针打标字母 P。

# D'orlan：名师出高徒

D'orlan 公司由 Maurice J. Bradden 于 1957 年创立，目标人群是年轻消费者，D'orlan 也是首饰品牌"Lancel"和"Nina Ricci"的全球制造商。创始人 Bradden 坚信只有用最好的材料，才能制造出最好的产品。大多数首饰制造公司从代工厂购买组件，而 D'Orlan 除了琉璃、日本的抛光珍珠和奥地利水晶之外，其他首饰配件都在公司内部生产。Maurice J. Bradden 的老师是大名鼎鼎的马塞尔·布歇，在布歇去世后，1979 年 D'Orlan 将 Marcel Boucher 公司收为己有，产品标识为 D'Orlan。直到 20 世纪 70 年代初，D'Orlan 时装珠宝在北美、欧洲和日本的市场都非常受欢迎。D'Orlan

品牌
**D'orlan**
年代
**1970**
质地品类
**合金 \ 琉璃 \
珐琅彩**

推出的一系列产品，延伸了马塞尔·布歇的设计风格。此外，
在 1984 年 D'Orlan 和 Nina Ricci 品牌建立了合作关系，开
始为 Nina Ricci 生产首饰，并且研发出用 22K 金进行三层
镀金的工艺，这是一项极大的创新。2006 年，D'Orlan 结束
了其 49 年的时尚生涯。

Boucher                    D'orlan

名称
珠光珐琅彩飞鸟胸针
品牌
Boucher\ D'orlan
年代
1940\ 1970
质地品类
白银镀铑 \ 莱茵石 \ 珠光珐琅彩 \ 合金 \ 琉璃

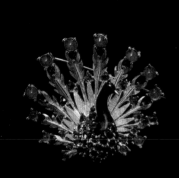

Boucher                    D'orlan

名称
孔雀胸针
品牌
Boucher \ D'orlan
年代
1950 \ 1970
质地品类
合金 \ 珐琅彩 \ 琉璃

# Hattie Carnegie：让苦难开出花

历尽千帆，不染岁月风尘。

谁也想不到这些充满奇思妙想和天真童趣的首饰竟出自一位尝尽苦头的贫寒少女。这些天马行空的设计让我惊叹：这不正是梵高和毕加索的矛盾结合体吗！

海蒂·卡内基（Hattie Carnegie），应该是时装珠宝品牌创始人中最励志的一位女性了，这是一个贫寒女孩不懈奋斗的故事，更是一本如何缔造千万美元商业帝国的教科书。

　　珐琅、仿珍珠、莱茵石与琉璃珠这些在当时常见的材料，每每总以出人意料的方式结合，进而幻化为灵动且与众不同甚至带有美好诗意的作品：双色珐琅花卉，花瓣层层叠叠浓淡适宜，别有一番韵味；斑斓的蝴蝶，半透明的翅膀上点缀着水墨画般的纹路，明快而梦幻；骄傲的金蝉震颤着双翼，还发出清脆悦耳的叮当响。如今，最具特色、最受欢迎的收藏级款式，是东方塑像和动物胸针。

名称
春天花园系列
品牌
Hattie Carnegie
年代
1950
质地品类
珐琅彩 \ 合金镀金

## 野心勃勃的贫寒少女

　　1886 年，奥匈帝国首都维也纳的一个贫寒家庭迎来了第二个孩子，取名 Henrietta Kanengeiser，后来，家中陆陆续续又添了五个孩子。1900 年，全家九口登上了去美国谋生的轮船，梦想着在新的天地里开拓新生活，那一年，这个姑娘 14 岁。茫茫大海，她倚在轮船围栏边，问身边一位乘客，美国最成功的人是谁？乘客回答：安德鲁·卡内基（Andrew Carnegie，20 世纪初美国"钢铁大王"）。究竟什么是成功，14 岁的她并不清楚，但这位姑娘牢牢地记住了这个大人物的名字，9 年后，她将姓氏改为 Carnegie 以自勉，后来她的弟弟妹妹们也都陆续跟着姐姐改了姓。

　　1902 年，父亲去世，为了养家糊口，Henrietta 只能辍学去谋生，她找到了一份在纽约梅西百货商店帽饰部当女帽模特的工作，在那个年代对于她而言，这已经是一个很体面的工作了，她的小名海蒂（Hattie）也从此面世。

　　1909 年，这位上进的姑娘和朋友罗斯·罗特（Rose

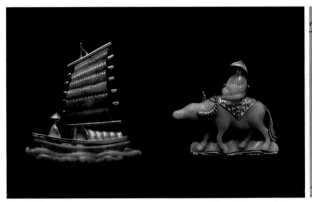

名称
中国玉系列
品牌
Hattie Carnegie
年代
1950
质地品类
赛璐璐

Roth）合开了一家服饰店，罗斯负责缝纫，海蒂负责设计和制版。海蒂从来没学过缝纫，但她很擅长告诉别人该怎么缝，而且她有极好的审美品位。她们店里的服饰很时尚而且看起来很高级，最重要的是价格也很美丽，于是小店的生意越来越好。1913 年，她们用赚来的第一桶金——10 万美元盘下了更繁华地段的店面，就在百老汇的拐角处，左边是熟食店，右边是中餐厅，楼下是干洗店。她们没有做任何广告，唯一的活广告就是海蒂本人，她穿着罗斯缝制的衣服和自己设计的帽子出入高级餐厅和剧院，吸睛无数，基本上海蒂穿什么，富太太们就跟着买什么，当然，服饰的价格也跟着提高了，基本上 75 美元起步。海蒂基本上一年四季都穿着自家设计的衣服，不管是在自家店里还是出门。

# 只要走进她的店，几乎都会从头到脚穿着 Hattie Carnegie 走出去

1919 年，海蒂将罗斯·罗特的股份买下，至此拥有了自己的同名企业。对巴黎时装充满兴趣的海蒂每年都带着家人去三四次巴黎，出入秀场，并购买高档服装和首饰。海蒂·卡内基在时尚史中的地位是明确的，但这并不是因为她本人的设计才华，而是她有着甄选和改进其他设计师作品的过人天赋。她引进法国设计师包括珍妮·浪凡（Jeanne Lanvin）、可可·香奈儿（Coco Chanel）、让·巴杜（Jean Patou）、伊尔莎·斯奇培尔莉（Elsa Schiaparelli）和查尔斯·詹姆斯（Charles James）等人的设计作品，并成功地将作品中浓厚的法式风变成地道的美国味。1929 年，公司年销售额高达 350 万美元。

经济危机对海蒂的生意看似毫无影响，但很快，她的一些老主顾已无力支付这些精美且昂贵的礼服。海蒂很快做出决定——开创另一条副产品线，命名为"Spectator Sports"，她大大减少了每条裙子的成本，裙子平均售价 40

美元，相较于她的定制礼服，已经非常便宜了。

　　海蒂的商业头脑和时尚触觉让她的生意越做越大，只要走进她的店，几乎都会从头到脚穿着 Hattie Carnegie 的服饰走出去。40 年代，Hattie Carnegie 俨然已发展成为门类繁多的百货公司，客人在这里可以买到从服饰到家居装饰等多种产品，包括可定制的帽子、珠宝、陶瓷、玻璃制品、香水、化妆品等，公司员工已达 1000 多人，其中包括海蒂的 11 个外甥和外甥女。

　　小小的女帽店终于发展成一个大型时尚集团。在 20 世纪三四十年代，海蒂设计的灰色精纺筒裙套装、饰有宝石的纽扣以及精巧的黑色裙装对当时的美国女性来说就是社会地位的象征。她在美国时装界扮演着领导者的角色，而她的另一大贡献则是从她工作室里走出去的设计大师们，包括诺曼·诺雷尔（Norman Norell）、克莱尔·麦卡德尔（Claire McCardell）、鲍琳·特莉芝里（Pauline Trigere）等。

名称
春天花园系列

品牌
Hattie Carnegie

年代
1950

质地品类
珐琅彩 \ 合金镀金

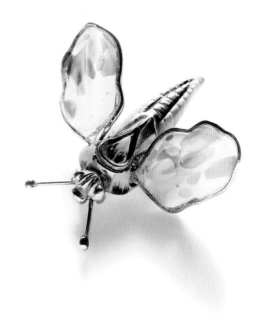

　　1956 年，70 岁的海蒂·卡内基去世，她奢华的专卖店继续向顾客们出售着高雅的服饰，但失去了精神支柱的品牌日渐衰落，高级定制时装沙龙于 1965 年关闭，珠宝配饰产业继续运作直至整个公司于 1976 年关闭。

　　这位出身贫寒的少女书写了足以载入史册的传奇创业史，她让苦难开出了甜蜜的花朵。近半个世纪，时光流转，她所缔造的令人叹为观止的商业帝国最终落幕。

**收藏 Tips**

关于打标：

20 世纪 30 年代末—40 年代：HC（存量很少）；
20 世纪 40 年代后：CARNEGIE 和 Hattie Carnegie。

# Camrose & Kross

## JBK：杰奎琳·肯尼迪为你选珠宝

　　杰奎琳·肯尼迪对珠宝的热爱就像她的两段著名的婚姻一样为众人所知。这位公认的珠宝达人，一生拥有无数珍宝，她亲自从自己的首饰收藏中挑选款式，授权美国本土品牌 Camrose & Kross 进行复刻，产品上都标有她的名字 Jacqueline Bouvier Kennedy 的缩写 JBK，并配以收藏证书。平民化的价格、礼品化的包装，正好符合了那个年代的人们对时装珠宝的需求。

　　杰奎琳·肯尼迪，目前为止公认时尚品位最好的美国前第一夫人，她的相貌并不惊艳，面部棱角硬朗、宽脑门

品牌
**JBK**
年代
**1970—1980**
质地品类
**合金镀金 \ 莱茵石**

以及两眼之间较宽的距离，这些特征都让她绝对称不上"第一眼美女"，她并不喜欢闪光灯，不允许媒体对孩子进行曝光，可就是这样一位总统夫人，至今依然被人们所怀念，显然是因为她独特的个人风格和时尚品位。

美貌、知识、权势、财富、睿智与个人修养，杰奎琳的一生拥有了女人所梦想的一切，她与同年出生的奥黛丽·赫本一样，成为了一个时代的时尚偶像。她通过严格的自制力和形象管理，凭借优雅的气质将外貌提升了好几个层次，曾经有一度全美国甚至欧洲女性都在模仿"Jackie Look"。

她是一个光彩照人的女人，但她的一生却充满了悲情，她亲眼目睹了丈夫身亡的悲剧，甚至还冒死捡回了一块被打飞的头盖骨。在丈夫遇刺后五年，她远嫁希腊船王亚里士多德·苏格拉底·奥纳西斯，开启了第二段婚姻，但这段婚姻仍以悲剧告终。

肯尼迪与杰奎琳以一枚梵克雅宝订婚戒指开启了婚姻旅程，之后的每一年，肯尼迪都会送给杰奎琳手镯、钻石发饰、胸针等各类珠宝首饰，比如为庆祝他们的儿子小约翰·肯尼迪出生而送上肯尼迪亲自设计的双橡果（Two Fruits）胸针，以及在伦敦皇冠珠宝店 Wartski 购买的著名钻石星形胸针。船王也大手笔地献上了梵克雅宝 61.17 克拉钻戒、印度花草项链和红宝石耳环等。

与其说杰奎琳一生都生活在聚光灯下，不如说她的一生从来都没有离开过珠宝的照耀，她到生命结束都是珠宝时尚的中心。

JBK 选做复刻的每一件首饰都可圈可点，但复刻版的工艺和材质并没有多少过人之处，走的也是平价路线。如今，当年制作这些复刻首饰的模具已经全部销毁，品牌也已停产，但从这些存量不多的 JBK 时装珠宝中依然能还原这位第一夫人的时尚品位以及她曾拥有的幸福与尊贵。杰奎琳的独特身份，让 JBK 时装珠宝的价值超越了实物本身。

JBK 双橡果胸针。这枚胸针的原作是杰奎琳·肯尼迪的丈夫肯尼迪总统在 1960 年为庆祝他们的第二个孩子小约翰·肯尼迪的出生，而送给她的礼物，由 Tiffany 品牌出品。双橡果胸针由红宝石和钻石组成，大颗的象征他们的女儿，小颗的象征儿子，寓意丰饶富足。后来，杰奎琳授权 JBK 对这枚胸针进行了复刻生产。

收藏 Tips

关于打标：

打标 JBK，且配有证书。

# FRONT

# AND BA

# WAVES

第四章

# 前浪与后浪

# CINER

## Ciner: 百年老字号

    Ciner 这个百年老字号，曾全身走出经济大萧条的冲击，安然躲过一战和二战的炮火，自然有其过人之处。

    小巧、精致、闪闪发光——这几乎是 Ciner 首饰的标志性特征。亮闪闪的水晶镶嵌在极具质感的金属上，无论是装饰艺术（Art Deco）风格的优雅款式还是可爱灵动的小动物造型都做成小小一枚，设计感、质感、触感都浓缩于一方天地之间。

## 从高级珠宝转向时装珠宝

　　Ciner 品牌于1892年由创始人伊曼纽尔·西纳（Emanuel Ciner）在纽约曼哈顿创立，主营古典风格高级珠宝。伊曼纽尔非常注重技术的革新，鼓励员工钻研新技术，其中有一名员工研发出一项小而独特的技艺，制造出镀金和铂金混合的时装首饰，并申请了专利。20 世纪 20 年代，伊曼纽尔把两个儿子也招至麾下，伊尔文（Irwin Ciner）致力于改进制模、浇铸和上釉技术，查尔斯（Charles Ciner）负责运营和销售，父子档把生意做得风生水起。

　　受经济大萧条的冲击，Ciner 和许多高级珠宝品牌一样失去了很多中低端顾客。敏锐的伊曼纽尔立即意识到高品质的时装珠宝很有市场，譬如刚于纽约成立不久的 Trifari、Coro、Miriam Haskell 等品牌，于是 Ciner 成为美国第一个也是唯一一个从高级珠宝转向生产高品质时装珠宝的品牌，但依然是按照高级珠宝的传统技法来制作时装珠宝。20 世纪 30 年代，Ciner 实现了多种技术创新，包括充分使用白色金属，并与锡或其他金属混合，铸模方式也是同时代中品质最高的。正因如此，Ciner 首饰的售价一直不低，而这其中包含了沉淀百年的高端工艺、设计精髓和品牌气质，以及历史带来的附加值。

名称
人物系列胸针
品牌
Ciner
年代
1990
质地品类
合金 \ 珐琅 \ 琉璃 \ 莱茵石

## 荣光永存

早期的 Ciner 首饰，每一件都是知名设计师的原创作品，其中包括波普艺术先驱安迪·沃霍尔设计的花卉饰品。每一件首饰都依据设计师草图手工着色，然后用模型制作雕刻，遵循着铂金首饰的制作传统。

这也是为什么一生迷恋珠宝、阅尽珍奇的伊丽莎白·泰勒成为 Ciner 的狂热粉丝的原因。当年在纽约 Mariko 精品店发现 Ciner 后，这位好莱坞传奇女星从此终其一生收藏 Ciner 的首饰，据说有一天她一次就在 Ciner 珠宝店消费了20000 美元。

第二次世界大战期间，金属资源紧缺，Ciner 濒临破产，直到 Ciner 家族利用其独特的铸模技术为美国军方制作军需品，品牌才得以保住。战后，Ciner 开始在美国大放异彩，纷纷在 *Vogue* 和 *Glamour* 等时尚杂志上刊登广告。20 世纪50 年代，Ciner 开始设计粉盒和唇膏，并受到好莱坞明星的追捧。

1958 年，92 岁高龄的伊曼纽尔去世，这位老人一直坚守在工作岗位上直到生命的最后一刻。1979 年，Ciner 新一代掌门人——伊曼纽尔的孙女帕特·西纳·希尔（Pat Ciner Hill）和丈夫大卫·希尔（David Hill）接管公司。大卫痴迷于精细设计和技术创新，他和帕特携手领导家族事业再攀高峰。1984 年，他们的女儿让·希尔（Jean Hill）作为第四代 Ciner 家族成员加入品牌。

1992 年，Ciner 迎来了百岁生日，《纽约时报》（*The New York Times*）、《女装日报》（*Women's Wear Daily*）以及各大时尚杂志争相报道。这一年，Ciner 推出了百年纪念系列胸针，其中包括精致的小蜜蜂胸针。除了蜜蜂胸针，Ciner 出品的蝴蝶、小鸟胸针每一枚都既灵动又可爱。Ciner 还推出了一系列俏皮可爱且极具质感的人物胸针：挑着扁担的小丑、告白的小丑、舞扇遛鸟的女子……

2015 年，Ciner 首次推出官方网站，只需点击鼠标便能将心仪的 Ciner 服饰收入囊中。2022 年 8 月，这个已经 130 岁且传承到了第四代的品牌，还是向世人宣告了结束。而祖辈们世世代代倾其一生奋斗的荣光与坚守将永存。

品牌
**Ciner**

年代
**1990**

质地品类
**合金 \ 珐琅 \ 琉璃 \
莱茵石**

## 收藏 Tips

**关于打标：**

1945 年之前：无打标；

1945 年之后：Ciner。

# Christian Dior：法式优雅卷土重来

"当你在出租车司机面前提及克里斯汀·迪奥（Christian Dior）先生的名字时，就如同法国国歌《马赛曲》一样如雷贯耳。"

从这位《国际论坛先驱报》编辑的评价中足以看出迪奥先生之于时尚、之于法国的意义。而这位迪奥先生毕生的梦想就是"把女性从天然的状态中解放出来"。

## 政治"学霸"的艺术梦

　　克里斯汀·迪奥1905年出生于法国诺曼底的贵族家庭,父亲经营着一家化肥厂,母亲是上流社会的大家闺秀,打理了一座花香氤氲的庄园。1910年,举家搬到了巴黎。在浓厚的艺术氛围中浸润着的迪奥一心想从事艺术,但是却最终屈从于父母的期望,考取了巴黎政治学院——法国社会精英的摇篮。于是,艺术只能是迪奥的业余爱好了。

　　1929年经济危机爆发,父亲的生意开始衰落,后来迪奥的哥哥和妈妈相继去世,家道中落的迪奥不得不以绘画和设计服装草图维持生计。1946年,已过不惑之年的迪奥在机缘巧合下认识了当时的纺织业巨头、法国首富马塞尔·布萨克(Marcel Boussac),马塞尔被这位年轻人的设计才华和抱负打动,资助他开设了属于自己的时装屋。当时,二战刚刚落幕,人们迫切期待时尚的复苏能帮助自己尽快走出阴霾。1947年2月12日,克里斯汀·迪奥举办了他的第一个高级时装秀。当模特们身着90套完全超出人们期待的礼服列队走出时,台下一片欢呼,巴黎上流社会的小姐太太们为之疯狂。

Dior by kramer（1950）

名称
颤动花枝胸针(可拆卸)
品牌
Dior（by karmer）
年代
1950
质地品类
合金\ 莱茵石

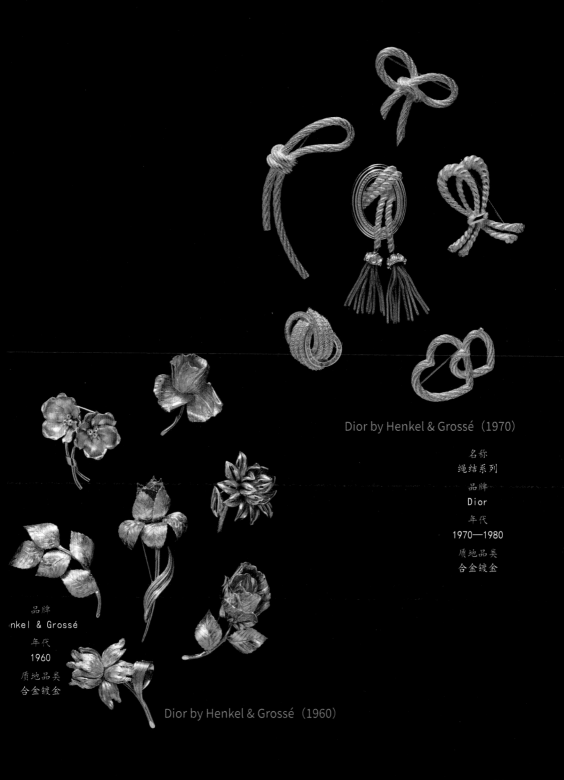

Dior by Henkel & Grossé（1970）

名称
绳结系列
品牌
Dior
年代
1970—1980
质地品类
合金镀金

品牌
nkel & Grossé
年代
1960
质地品类
合金镀金

Dior by Henkel & Grossé（1960）

他挽救了巴黎，就像马恩河战役挽救了巴黎一样

　　精巧修饰的肩线、急速收起的腰身、长及小腿的裙子、黑色毛料点缀着细致的褶皱，这一切都淋漓尽致地展现着女性妖娆的曲线，美国《芭莎》杂志前主编卡梅尔·斯诺（Carmel Snow）将这一设计风格称为"新风貌（New Look）"。

　　战后物资依旧短缺，但对巴黎美好年代充满怀念的迪奥先生整整用了比一般服装多出数倍的布料来制作服装，让人觉得太华丽、太震撼，仿佛重现了 20 世纪初美好年代的优雅与光华，这场首秀也唤醒了战后人们低迷的心，迪奥的精致奢华让巴黎再度执掌时尚潮流。值得一提的是，后来被誉为"未来主义三大宗师"之一的皮尔·卡丹（Pierre Cardin）此时正在迪奥时装屋担任裁缝。

　　同年，以"Miss Dior"命名的第一瓶迪奥香水问世。为什么要做香水？迪奥先生回答道："我所打扮的每一位女性都散发出朦胧诱人的雅性，香水是女性个性不可或缺的补充，只有它才能点缀我的衣裳，让它更加完美，香水和时装一起使得女人们风情万种。"出于同样的初衷，迪奥开始涉猎帽子、鞋子、皮件、珠宝等。最开始，迪奥时装珠宝只是走私人定制的路线，1948 年以后开始尝试批量生产。迪奥先生坚持只有最高端的时装珠宝才能匹配迪奥的服装，他们选择了最有才华的设计师以及顶级的工厂进行合作，包括美国的 Henry Schreiner（40 年代末）和 Kramer（50 年代初）、英国的 Mitchell Maer（1952–1956）、德国的 Henkel & Grossé，以及法国的 Gripoix 和 Robert Goossens（这两个品牌也是 Chanel 的合作商）。

迪奥的时装珠宝和时装一样，将自然主义与浪漫主义结合，花草、飞虫等元素将礼服点缀得五彩缤纷，而对远古神话故事人物或历史名人的借用也使他的作品充满浪漫的格调。迪奥时装珠宝通过使用不寻常的石材和令人感到惊艳的色彩，令出品颇具现代感。1956 年，施华洛世奇品牌创始人的孙子曼弗雷德（Manfred）为迪奥制作了一款以北极光命名的水晶，这种水晶表面涂有汽化蓝色金属，经处理后可折射出彩虹般的光线，闪烁着如北极光般的神秘魅力。迪奥对其一见倾心，自那以后，北极光水晶就出现在迪奥的高级时装珠宝系列中，并以手工刺绣的方式将其装饰在精致考究的时装上。

花卉也是迪奥时装珠宝极为常见的元素，据说迪奥先生嗜花如命，在他心中，"除了女人，花是最神圣的生物。"他小时候最爱看的书便是花种目录，山谷里的铃兰花是他一生的最爱，迪奥每一场时装秀中至少会有一位模特佩戴着他最爱的铃兰花元素的配饰登场。

遗憾的是，1957 年，迪奥在完成新作品的设计之后，前往意大利他钟爱的温泉小镇蒙特卡蒂尼度假，却突然死亡，有人说他是因为鱼骨引起的窒息死亡，有人则说是因为心脏病突发，众说纷纭，没人清楚这位巨星陨落的真正原因。作为史上首位时装设计师，迪奥先生和他著名的左撇子剪刀一起登上了《时代》杂志的封面。

成立时装屋后的十年，迪奥用极具变革性的新风貌（New look）装扮抚慰了人们战后的创伤，毫不夸张地说，他挽救了巴黎，就像马恩河战役挽救了巴黎一样。

## 只与顶级伙伴合作

迪奥时装珠宝的荣光离不开其合作伙伴的助力，迪奥甄选的合作伙伴，每一个都堪称传奇。篇幅有限，我只选择两个介绍。

### Kramer：华丽的派对女王

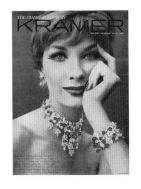

若是奔着派对女王的桂冠而去，那么没错，你只需要一套Kramer，宛如真珠宝的璀璨和熠熠生辉令其从头到尾诠释着两个字——豪华。

1943年，设计师出身的路易斯·克莱默（Louis Kramer）和他的两兄弟莫里斯（Morris）和亨利（Henry）在纽约成立了珠宝公司，兄弟三人的原创设计和珠宝的品质让他们从一开始就赢得了极好的口碑。20世纪50年代初，他们便收到了来自迪奥的珠宝设计委托，迪奥先生坚持只有顶级的珠宝才能匹配迪奥的高级时装。

　　克莱默偏爱抽象图案，他设计的几何图案珠宝尤其受欢迎。华丽而通透的宝石、高品质的彩色奥地利水晶，以及一丝不苟的工艺，让 Kramer 看起来生机勃勃，每一件作品都像是仙女佩戴的宝物。

　　20 世纪 70 年代，时装珠宝品牌面临大洗牌，Kramer 也未能幸免，于 70 年代末停止经营。

名称
皇冠系列
品牌
Kramer
年代
1950
质地品类
合金 \ 莱茵石 \ 琉璃

## Henkel & Grossé: 欧洲的铁匠

如果有人拿着 1955 年之后出品的迪奥时装珠宝说是法国产的，要么是他无知，要么是他在骗人。因为历史原因，德国品牌 Henkel & Grossé 曾为迪奥时装珠宝代工，一方面解放了迪奥的设计师们，另一方面，也让迪奥时装珠宝一度成为法式浪漫与德式严谨的完美融合。

1907 年，德国人海因里希·亨克尔（Heinrich Henkel）和姐夫弗洛伦廷·歌诗（Florentin Grossé）在德国著名的铸金重镇普福尔茨海姆（Pforzheim）创立了 Henkel & Grossé 品牌，最初凭借生产纯金珠宝以及用真发编织的挂表链而闻名。20 世纪 20 年代，为了满足欧洲市场需求，开始生产时装珠宝。30 年代，Henkel & Grossé 出品了一系

名称
彩釉植物胸针
品牌
Henkel & Grossé
年代
1960
质地品类
合金镀金 \ 珐琅彩

列形式简洁、造型对称的花卉首饰，并采用创新的合成油漆技术，使作品更丰富多彩，这些花卉珠宝引起了高级定制时装品牌 Schiaparelli 创始人 Elsa Schiaparelli 的注意。1937 年，在当时代表世界顶级水准的巴黎首饰博览会上，Henkel & Grossé 获得了时装珠宝的最高荣誉奖。

Henkel & Grossé 出品的花草胸针比 Marcel Boucher 还逼真，镀金树叶胸针的每一片叶片、每一粒花蕊都极其细腻和灵动，丝丝缕缕的脉络清晰可见，叶片的卷曲弧度自然流畅，每一枚胸针都给人一种"直接给真花真草镀上了一层金箔"的错觉。Henkel & Grossé 的胸针其表面往往采用镀金或镀铑工艺，使其看起来非常崭新，并采用爪镶工艺，镶嵌着清澈多彩的莱茵石、人造珍珠、青石、绿松石以及红宝石等。

在与迪奥合作之前，Henkel & Grossé 就和浪凡（Lanvin）以及被香奈儿视为劲敌的高级定制时装品牌 Schiaparelli，还有伦敦哈罗德百货合作。1945 年，普福尔茨海姆在二战的空袭中被夷为平地，后来，工人们从工厂原址的地窖里抢救出一些旧机器和剩余金属，重新恢复生产。就在两位创始人一筹莫展时，一个国家之间的合作项目让他们绝处逢生。作为外交手段，为了缓和德法关系，法国与德国签

品牌
Henkel & Grossé
年代
1960
质地品类
合金镀金

署了一系列合作协议，其中就包括迪奥和 Henkel & Grossé 的合作。从 1955 年开始，Henkel & Grossé 成为迪奥时装珠宝的全球独家生产商。

Henkel & Grossé 在为迪奥时装珠宝代工的同时也生产自己品牌的珠宝，其出品毫不逊色于真珠宝，甚至超越了真珠宝，这也是为什么它能挺过两次世界大战的艰难岁月，并在 80 年代开始将业务拓展到皮件、领带、围巾等领域。

令人遗憾的是，2006 年，Henkel & Grossé 家族决定退出传承了四代的百年家族事业，曾经为迪奥代工的 Henkel & Grossé 最终被收归于迪奥麾下。

## 收藏 Tips

关于打标：

Kramer/Kramer of New York 与迪奥合作产品：Kramer for Dior、Dior by Kramer、Christian Dior by Kramer；

1958 年后：同时打标生产年份和 GROSSE GERMANY。

与 Dior 合作产品：

20 世纪 50 年代：Dior West Germany、Made in Germany for Christian Dior，有的还备注了年份；

20 世纪 60—70 年代：Chr. Dior ©GERMANY；

20 世纪 80 年代：Christian Dior © 和年份。

# CHANEL

## Chanel：为自由而生

　　"即使你生来没有羽翼，也不能阻止你展翅高飞。"
可可·香奈儿（Coco Chanel）的一生都践行着这个信条。

　　2019 年 4 月 20 日，上海西岸艺术中心，一场特别的
展览拉开了帷幕，空旷的场馆中，在入口处迎接你的是巴
黎康朋街 31 号四楼香奈儿女士工作室的一扇门，上面写着
"Mademoiselle Privé"（女士专属），这也是本次展览的名字，
这扇门不仅仅是通往香奈儿工作室这么简单，它更象征着
通往自由的道路。

名称
山茶花胸针
品牌
CHANEL
·
年代
1950
质地品类
合金镀金 \ 琉璃

　　这位 12 岁就被送到孤儿院的女孩为了将来能自食其力，特别用心地和年迈的修女学习缝纫。18 岁那年，身无分文的她开始闯荡巴黎。因为有了缝纫这一技之长，白天她在一家小服装店当裁缝，晚上偶尔穿着顾客的衣服偷偷溜到街角的咖啡馆兼职唱歌跳舞，Coco 这个艺名也正是从这段经历中得来的。

　　1914 年，她终于开了两家梦寐已久的时装店，宽松的裁剪和自由的设计将女性从紧身衣的束缚中解放出来，她一炮而红。

　　1921 年 5 月，并不止步于服装的可可·香奈儿推出了经典的香奈儿 5 号香水，这款香水因为宣扬女性特立独行的时尚态度而引起轰动，后来玛丽莲·梦露的一句"我只穿香奈儿 5 号香水入梦"更是让它成为万千女性梦寐以求的一款香水。

## 我喜欢假珠宝是因为它代表一种挑衅

这是一位为自由而生的女性，她的一生无所拘束，与德国军官爱得死去活来，后来又拒绝公爵的求婚，她不艳羡公爵夫人的光环，不在乎那些世俗的眼光，她只做自己，对时尚的追求亦是如此。

她曾坦言："我喜欢假珠宝是因为它代表一种挑衅。"1924 年，香奈儿推出了第一个时装珠宝系列，让女人不必再根据丈夫或情人的财力购买首饰。她曾说："珠宝不再是仰慕者授予女性的奖杯，而是女性取悦自己的自由的象征"。

可可·香奈儿因此也成为首位进入珠宝界的服装设计师，并且一脚踏入男性设计师占绝对主导的珠宝设计领域。当可可·香奈儿戴着她的假珍珠亮相，一下子就颠覆了人们对珍珠的传统印象。要知道，在钻石和人工养殖珍珠出现前，天然珍珠象征着权力和地位。早在 16 世纪，英国女王伊丽莎白一世就是珍珠的爱好者。从中世纪开始，珍珠就在欧洲盛行，王室和上流阶层一直将珍珠以端庄、保守的样式与价格昂贵的传统服装相配。而离经叛道的可可·香奈儿则让囊中羞涩的女人们也能戴得起珍珠项链。1932年，她推出独一无二的"钻石珠宝"（Bijoux de Diamants）系列，成为定义香奈儿臻品珠宝创作理念的奠基之作。

除了颠覆性的假珍珠，香奈儿对拜占庭风格的珠宝和以金色为主色调的珠宝尤为偏爱，在她看来，金色不单单是一种颜色，更象征着女性的自由和胜利。可以说，金色是香奈儿的首饰中除珍珠外最具代表性的元素之一。

当然，香奈儿品牌最核心的竞争力无疑来自旗下的十二家高级手工坊，从高级鞋履到衣服上的每粒纽扣都来自香奈儿品牌背后名不见经传的手工匠人。而时装珠宝也有专门的手工坊为其服务，香奈儿请来了全世界最知名、技术最娴熟的珠宝设计师为品牌护航。

## Gripoix：琉璃之王

　　Gripoix——让香奈儿玩转"真假珠宝混用"近百年的秘密武器，自 1869 年在巴黎创立。创始人奥古斯汀·格里普瓦（Augustine Gripoix）和香奈儿女士相识于 20 世纪中期，当时的西方世界笼罩在经济大萧条的阴霾下，奥古斯汀·格里普瓦想到了将琉璃运用于时装珠宝上，这和香奈儿女士的构想不谋而合。奥古斯汀·格里普瓦将珐琅着色技术与铸造琉璃完美结合，浇注在错综复杂的金属配件上，让宝石、水晶，甚至是珍珠都散发出自然的光泽，就这样铸造出了如今享誉盛名的彩色琉璃首饰品牌，他们有一种独家工艺能够让经过多次处理的琉璃呈现出香奈儿女士喜爱的珍珠般光泽。

　　人们似乎有个误区，认为琉璃很便宜，这是基于现代工业玻璃的价格而得出的误判。在过去的岁月，琉璃从来都是奢侈的工艺品，在 Vintage 首饰所处的年代也不例外。

名称
山茶花胸针 \ 孔雀胸针 \ 琉璃项链
品牌
Gripoix \ Augustine Paris
年代
1950—2000
质地品类
合金 \ 琉璃

除了为香奈儿、迪奥等品牌制作时装珠宝外，Gripoix也有打标自己品牌的产品。蜡脱铸造法（也称失蜡法）技艺最有名，其出品有的玲珑剔透，有的浑厚深沉，有的高冷，有的绚丽。1920 年，奥古斯汀的女儿苏珊娜（Suzanne）接管品牌，珠宝界人称"Gripoix 夫人 / 小姐"。1969 年，品牌再次交棒给女儿乔瑟特（Josette），90 年代初，又传给她的儿子蒂里（Thierry）。在蒂里手中，Gripoix 的设计款式主要是花卉、树叶、水果以及一条新的产品线 Histoire de Verre。Gripoix 并不追求大规模的批量生产，而是精益求精地手工打造每一件艺术品级别的首饰。2006 年，公司被出售给私人，即如今的 Gripoix Paris。后来，香奈儿不再与 Gripoix 合作，而是选择 Maison Goossens 为其制作高级定制系列产品。Thierry 后来于 2007 创建了自己的品牌，为了继续传承 Gripoix 家族及纪念创始人 Augustine，公司命名为 Augustine Paris。

# Kenneth Jay Lane：比摇滚优雅，比优雅有趣

在一位时髦女士的生活中，最重要的三个男人是理发师、化妆师与肯尼思·杰·莱恩（Kenneth Jay Lane）。

——《纽约时报》

在摇摆的20世纪60年代，当年轻人开始与传统决裂，夸张、个性的饰品成为他们宣扬自我的名片。于是，当Coro、Hattie Carnegie这些时装珠宝界的传奇品牌开始走向衰落的时候，善于捕捉时尚潮流和动态的K.J.L.崭露头角，邀请明星进行设计，打造明星联名款，都让K.J.L.成为明星经济最早的受益者。

名称
白钻胸针
品牌
K. J. L.
年代
1970—1980
质地品类
合金

## 温莎公爵夫人和肯尼迪夫人为其代言

　　"永不过时、易于配衬的经典设计"，是肯尼思·杰·莱恩对每位女士许下的承诺。"光艳照人是每时每刻的事"，这是他的另一句名言。奔着让女人更加光艳动人的目标而去，肯尼思钟情用玻璃、水晶、莱茵石来制作首饰，而塑料、羽毛、贝壳等新型元素也被他大胆地应用于作品中。颜色鲜明，设计风格更加奢华和戏剧化，肯尼思·杰·莱恩彻底改变了人们对时装珠宝的印象。

　　他热爱旅行，善于从亚洲、埃及等文化中提取最具代表性的符号元素，进行大胆的演绎和极具个性的呈现，代表作如1955年推出的双蛇盘绕胸针。1961年，他创立了自己的同名品牌——K.J.L.。

　　温莎公爵夫人——爱美人不爱江山传奇故事中的女主人公，为了她，爱德华八世宁愿放弃国王的宝座。温莎公爵夫人是卡地亚和梵克雅宝两大顶级珠宝品牌的首席VIP客户，巴黎的高级时装设计师们时刻等待着她的赞美和垂顾。戴安娜·弗里兰（Diana Vreeland）甚至评价："温莎

K.J.L. 羽毛胸针。温莎公爵为其夫人定制了一枚象征威尔士亲王的羽毛胸针。这枚胸针在公爵夫人去世后进行拍卖，好莱坞明星伊丽莎白·泰勒以近四十万美元的高价拍得。后来，泰勒将此枚胸针授权 K.J.L. 进行复刻生产。

K.J.L. 火烈鸟胸针。设计灵感来自著名的卡地亚火烈鸟胸针，当年由温莎公爵委托卡地亚制作并送给公爵夫人，原作由钻石、祖母绿、红宝石和蓝宝石以密镶工艺制成。

公爵夫人的个人魅力和衣着品位改变了她所处的那个时代的时尚品位。"

肯尼思·杰·莱恩第一次获得公众关注正是得益于温莎公爵夫人的喜爱，当时她不仅自己购买了不少K.J.L.珠宝，还把他介绍给身边的名媛们，一时间，肯尼思·杰·莱恩在上流社会迅速蹿红，他的名气从曼哈顿扩大到整个时尚圈，粉丝从王室贵族、名流政要到好莱坞明星和普通中产阶层。K.J.L. 的大猫胸针便是复刻自卡地亚为温莎公爵夫人设计的经典猎豹胸针。

而来自肯尼迪总统夫人杰奎琳的一个复刻要求更是让肯尼思·杰·莱恩声名大噪。在肯尼迪总统被刺杀五年后，杰奎琳嫁给了希腊船王亚里士多德·苏格拉底·奥纳西斯，他送给杰奎琳一对梵克雅宝红宝石和钻石耳环作为结婚礼物。为了方便更多机会佩戴，杰奎琳找到肯尼思希望进行复刻，这条在完成之后几乎可以以假乱真的项链让他声名大噪，而这条项链在杰奎琳去世后拍卖出了 200 万美元的高价。此后，越来越多的名人上门定制他们的高级珠宝的复制品，其中包括英国玛格丽特公主和戴安娜王妃，"假珠宝之王"（king of the fakes）由此得名。

即便是使用了更为廉价的材料，肯尼思也有勇气和自信挑战复刻卡地亚、梵克雅宝等高级珠宝品牌，虽然手感和材质略显笨重，线条略微硬朗，但作为平价的时装珠宝，K.J.L. 个性且大胆的设计依然可圈可点。

## 让珠宝有趣点儿

1930 年，肯尼思·杰·莱恩出生于美国密歇根州底特律的一个汽车配件商家庭，他先后在密歇根大学和罗得岛设计学院学习建筑与设计。1945年毕业后，他前往繁华的大都市纽约，并在 *Vogue* 杂志艺术部谋得一职，随后升任艺术总监。

在时尚媒体工作，流连于艺术和时尚圈的他对时尚产生了浓厚的兴趣。他开始为迪奥设计鞋子，并出其不意地将本来用于生产珠宝的莱茵石用于装饰鞋面，鞋子因此变得有趣，也更招摇、闪亮。

20世纪60年代初，他已经是迪奥鞋履部门的设计总监了。随后，他获得了去巴黎迪奥总部深造的机会，三十出头的他在巴黎已经常住 St. Regis 酒店顶楼的高级客房了，对肯尼思而言，一切都是如此幸运。

在鼻祖级时尚"女魔头"（《芭莎》杂志编辑、后来任 *Vogue* 杂志主编）戴安娜·弗里兰的推荐下，他得到了在 Hattie Carnegie 品牌担任设计总监的工作机会。但是在闲暇时间，他一直忙着钻研设计自己品牌的耳环和手镯。那时候，Hattie Carnegie 已经开始走下坡路，肯尼思在这里只短暂地工作了 8 个月。而在这前后，他与 Coro 也有过两次短暂的合作。

真正让肯尼思成名的恰恰是他空余时间设计出的耳环，肯尼思一直坚信，"耳环不是让女人更暖和，而是让她更闪亮。珠宝就该有趣点儿，好的珠宝就像是鲜活的艺术。"这些闪亮的耳环在曼哈顿著名的萨克斯第五大道精品百货商店上架，当天就被一抢而空。

通过大胆地制作人造（fake）珠宝和廉价（junk）珠宝，K.J.L. 把摇滚和流行提升到了优雅的层次。奥黛丽·赫本为联合国儿童基金会拍摄慈善广告时，在众多顶尖珠宝配饰中独爱 K.J.L. 的耳饰。美剧《欲望都市》中的女主角凯莉·布雷萧（Carrie Bradshaw）也把 K.J.L. 的大凤凰胸针别在裙子上。

　　从芭莎国际奖（1967）、尼曼奖（Neiman Marcus，1968）到施华洛世奇大奖（1969），肯尼思拿奖拿到手软。肯尼思被各大时尚媒体评为"最会穿衣的男人""最热门的礼服珠宝设计师"，成为时尚圈里可与香奈儿女士比肩的时尚偶像。

　　2017 年，85 岁高龄的肯尼思在曼哈顿的家中去世，而在这之前不久，他仍在忙着开拓 K.J.L. 的线上销售业务。如今，K.J.L. 依然是好莱坞当红女星以及潮流先锋，包括奥尔森姐妹、杰西卡·辛普森、小甜甜布兰妮等人的大爱。

　　如果你在一众时装珠宝中一眼就能辨认出浓郁的好莱坞风情，没错，它一定是 K.J.L.。

**收藏 Tips**

关于打标：

20 世纪 70 年代之前：K.J.L.；

20 世纪 70 年代后期：Kenneth Jay Lane、Kenneth Lane。

# AVON

## AVON：无心插柳柳成荫

AVON——雅芳？请不要怀疑，咱们要说的就是你想到的那个颇有年代感的雅芳，那个如今仍在售卖化妆品、香水的雅芳，一度牛气冲天的直销商业帝国，在品牌全盛时期，全球有多达 650 万名能说会道的雅芳小姐。

"跨界""明星效应"这些奢侈品大牌至今依然受用的营销手段，雅芳早在 50 年前就玩转得得心应手，但雅芳并不止步于花重金做广告，于是，我们会发现雅芳出品的时装珠宝的打标是 Elizabeth Taylor for AVON 或者 K.J.L. for AVON。竞争品牌之间相互合作，这在今天看来不可思议的举措，雅芳都曾大胆尝试过。

品牌
AVON
年代
1970—1980
质地品类
合金

255

## 从莎士比亚到世界级品牌

1886 年，大卫·麦肯尼（David H McConnell）开了一家售卖书刊的夫妻店，主营莎士比亚选集。大卫在上门推销图书的过程中发现主妇们压根儿对图书没有什么兴趣，于是他灵机一动决定投其所好，卖书的同时附赠小圆点香水，这一招果然灵验，图书销量大增。随之，他尴尬地发现香水显然比书更受欢迎，于是他干脆将公司改名为加州香氛公司，专卖香水，仍然是挨家挨户上门推销。

1920 年，公司开始扩大业务范围，推出牙刷、爽身粉等日用产品。得益于 1921 年出现的商品图片手册，推销员不用再扛着重重的样品上门，商品手册化订货也大大扩大了销售范围，公司生意迅速扩大到美国 48 个州。1937 年麦肯尼去世，他的儿子开始接管家族事业，眼看着生意越做越大，加州香氛公司的名字显然已不合适。1939 年，他以莎翁故乡的小河 Avon（雅芳）作为公司的新名称。有了莎翁的助力，雅芳公司的事业更是蒸蒸日上，挨家挨户上门推销产品的女销售员也有了新的称呼——雅芳小姐，这一强大的销售体系使得雅芳很快成为世界级香水与化妆品品牌。

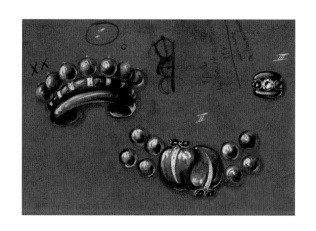

继买书随赠香水之后，1963年雅芳又开始推出买香氛产品赠送配饰的点子，没想到这些配饰再一次获得关注。1970年，雅芳推出了三款内藏香膏的饰品，反响极好，这在不经意间为雅芳打开了一个新世界。于是雅芳趁热打铁，于次年推出了第一个匿名设计师首饰系列"宛如真宝"（Precious Pretenders Collection），此系列的目标就是要像Trifari和Coro一样复古优雅，亮闪闪的仿真水钻配上流沙般的金箔裹覆，倒也是光彩夺目，即便手感、质感、设计水准都和Trifari不在一个量级，但毕竟也算对得起它的价格了。要知道，20世纪70年代的女人们对珠宝的要求就是——要美，而且不要花太多钱。

## 开启明星代言先河

雅芳"宛如真宝"的广告比比皆是，但其实更打动人心的是相对便宜的价格。仅仅四年时间，雅芳就凭借超强的营销力度成为当时全球最大的首饰制造商。如今，Vintage 时装珠宝市场上几乎一半以上打标的饰品背后，都是 AVON。

K.J.L. 这位时尚先锋也曾受邀为雅芳设计首饰，譬如颇具个性的镶嵌着红蓝双色宝石的双蛇缠绕胸针，虽然不如 Marcel Boucher 和 Henkel & Grossé 同款那般栩栩如生，但造型和风格也无可挑剔。K.J.L. 与雅芳的合作很愉快，合作时间从 1986 年开始，直到 2004 年结束（1986—1995 年标识为"K.J.L. for AVON"，2000—2004 年标识为"K.J.L."）。就连我们熟知的 Tiffany 在 1980—1984 年期间也一度是雅芳旗下的品牌。

雅芳与好莱坞传奇女星伊丽莎白·泰勒的故事也是一段佳话。泰勒对珠宝的迷恋如同她的八段婚姻一样精彩，她拥有总价值 1.5 亿美元的珠宝，收藏了近 300 件珍品。

她的第四任丈夫曾说，一颗价值五万美元的钻石能让泰勒保持大约四天的快乐心情。1993—1996 年间，泰勒和雅芳合作推出了近 30 个首饰系列，不少是以历任丈夫赠送给她的珠宝为原型的，还有以其 1963 年的巅峰之作《埃及艳后》为灵感设计的，包括颇具异域风情的大象胸针、埃及手镯等。

1998 年，电影《泰坦尼克号》风靡全球，嗅觉敏锐的雅芳盛情邀请了电影主题歌演唱者席琳·迪翁，参照主人公露丝佩戴的"海洋之心"项链合作推出了一款"我心永恒"（My Heart Will Go On）项链。

凭借大胆借势合作，雅芳一度成为时尚珠宝界的标杆，但是命运总以人们无法预见的形式演变，20 世纪 90 年代之后，雅芳在全球范围内忙着扩张化妆品主业，首饰业务却停滞不前。2008 年，雅芳的直销模式很快没有了市场。

庆幸的是，这一曾经风光无限、豪掷千金的商业巨头至少还守住了化妆品这一领域，但是却依然处于平价化妆品的定位。

收藏 Tips

关于打标：

AVON 或各种联名款设计。

JOAN RIVERS

# Joan Rivers 的突围：了不起的 "麦瑟尔夫人"

时尚杂志建议女人穿适合自己年龄的衣服，如果是这样我岂不是要穿裹尸布？

——琼·里弗斯

"生活给了你一颗酸柠檬，你要学会把它制成一杯甜蜜的柠檬水。"但是有的人的人生或许在不停地喝着柠檬水，一杯接一杯，比如琼·里弗斯（Joan Rivers）——热播美剧《了不起的麦瑟尔夫人》中女主人公的原型——一位从负债 3700 万美元的寡妇到去世时账户余额高达 4 亿美元的美国著名脱口秀主持人和胸针品牌女王。

琼·里弗斯，曾被称作美国历史上最幽默的女人，这位常常自嘲爹娘都嫌她丑的女人一生中一共进行了739次整形手术，她的脸蛋就像她的"毒舌"和传奇般的人生一样鲜明得令人难忘。有多少人喜欢她，就有多少人讨厌她，她也曾被称作全美国最没有尺度、最令人讨厌的女喜剧演员。丈夫自杀、电视台封杀，琼·里弗斯的人生似乎一直在上演着舞台剧，每一次无论怎样被逐出局，她都能抹把脸再站起来，接着反击回去，最终她开创了以自己名字命名的时装珠宝品牌，年销售额高达4亿美元。

　　招摇、花哨、明艳、华丽——Joan Rivers时装珠宝和她那大胆犀利而又自信的创始人的风格如出一辙。

## 生活很艰难，如果不用微笑面对，会更难

琼·里弗斯的人生荆棘密布。她 1933 年出生于纽约的俄罗斯移民家庭，丈夫因为背负了 3700 万美元的债务而自杀，她曾度过了人生中最黑暗的时日，但是为了女儿，她必须走出阴霾。后来，凭借天生的幽默感和胆识，她成为了美国家喻户晓的脱口秀节目主持人。

因为要跳槽到福克斯电视台，她遭遇了 NBC 电视台的封杀，但是她却硬是凭着一句"Who are you wearing"（你穿的是哪位设计师的作品）闯出逆境，这句招牌用语开创了名人红毯访谈的先河，她拿明星开玩笑毫不留情，对自己更是花式自嘲，这为她赢得了一大票粉丝。在那个喜剧几乎全部由男性统治的年代，琼·里弗斯闯出了一条自己的路，后来她还创办了自己的电视栏目《Joan Rivers 深夜秀》，用她的话说，"我是因为说了别人心里所想却不敢说的话才走红的"。

在她纽约的豪宅中有一个像中药柜一样的"笑话银行"，上面每个小格对应一个笑话主题，比如烹饪、圣诞卡、社交生活等，台上那些看似脱口而出的笑话其实并没有表面看起来那么轻松。

1990年，在美国家庭电视购物平台QVC的邀请下，琼·里弗斯开始了珠宝世界大冒险。法布热彩蛋一直在琼·里弗斯心中占据独特地位并且具有特别的审美意义，她以自己收藏的俄罗斯古董珠宝为灵感，设计出了"经典彩蛋"系列首饰，造型炫彩华丽，极具琼·里弗斯个人特质，一经推出便一炮打响。为了给自家产品做推广，她常常穿着自己设计的时装珠宝出席好莱坞的红毯活动，在价值千百万的珠宝钻石之中却毫不逊色，因为这位主角自带满分气场。

琼·里弗斯很喜爱蜜蜂，她女儿的名字Melissa在希腊语中就是蜜蜂的意思。琼·里弗斯推出了四季幻彩蜜蜂系列胸针，蜜蜂身上点缀着钻石花朵、海星、爱心等图案，可谓将花哨做到了极致。除了蜜蜂，琼·里弗斯对《伊索寓言》中龟兔赛跑故事里的乌龟的喜爱也催生出精致的乌龟系列胸针。但无论是蜜蜂、乌龟还是蜻蜓，都渲染得极尽花哨，明艳的莱茵石经过手工密镶工艺镶嵌之后如童话般闪耀。

Joan Rivers 珠宝的风格可谓地地道道的美国味儿：夸张、明艳。不可否认的是，以平民价格销售的 Joan Rivers 还能有相对考究的做工和艺术感，这也是为什么今天 Joan Rivers 时装珠宝依然在 QVC 上经营得风生水起。

琼·里弗斯的一生就像一台永动机，命运的挫败让她一刻不敢停下，直到 81 岁高龄去世前，她仍旧孜孜不倦地继续整形，她曾在节目里自嘲："我的脸被拉平的次数比假日酒店的床单还多。"

在她的个人纪录片 *Joan Rivers：A Piece of Work* 中，经纪人说，"想要被闪电击中，你就一定要站在雨里。而琼·里弗斯的一生，被闪电击中了好几次，因为没人能像她一样站在雨里那么久。"

## 收藏 Tips

关于打标：

Joan Rivers

名称
**花与昆虫系列**
品牌
**Joan Rives**
年代
**1990**
质地品类
**合金 \ 莱茵石**

# 施华洛世奇（SWAROVSKI）：流水线复制出的闪耀

工业生产如巨人般吞噬并裹挟着珠宝行业，面对时尚的步伐和愈发喧嚣而急功近利的人心，以及铺天盖地而来的流水线上批量复制出来的产品，那些坚持手工镶嵌技艺的手工坊显得如此力不从心。

施华洛世奇（SWAROVSKI）仿佛携手一个新的时代款款而来，你需要什么，它便以最快的速度给你什么。一直以来，施华洛世奇以明星代言、敏锐的潮流嗅觉、上新速度快、在诸多大型时尚活动中频频亮相等方式拥有着极度高效的品牌传播力。

经典的天鹅标志成了诸多女士们的启蒙款时尚配饰。在营销上，施华洛世奇一直是大手笔，明星代言、广告植入，再加上擅于制造"少女心"，俘获了不少年轻女性。

相对卡地亚这类高级珠宝品牌，施华洛世奇主打仿水晶材质，这种材质比水晶更绚烂，更有光泽。不得不承认，施华洛世奇的切割工艺也是颇具功夫，该品牌的创始人——来自波希米亚伊斯山（现捷克境内）的丹尼尔·施华洛世奇在还没创业的时候，就是自家玻璃厂的学徒，但并不是所有的玻璃厂学徒都能成为丹尼尔。

名称
金色追忆系列胸针

品牌
SWAROVSKI

年代
1990

质地品类
合金 \ 水晶

名称
百年纪念款天鹅胸针
品牌
SWAROVSKI
年代
1990
质地品类
合金 \ 水晶

33 岁那年，丹尼尔和两个朋友在阿尔卑斯山一侧偏僻的奥地利小镇瓦腾斯创办了施华洛世奇公司，在这里选址的原因很简单：一是远离竞争对手，避免核心技术和设计被盗窃；二是这里有足够的水源带动水晶加工机器运转。

丹尼尔钻研出了一门可以把人造水晶切割得"如钻石般闪耀"的技术，成功开创了施华洛世奇至今延续百年的人造水晶生意。如今，保持家族经营模式的施华洛世奇的人造水晶切割技术秘方依然是业内外所好奇的。

1952 年，当玛丽莲·梦露为美国前总统肯尼迪献唱出那首《总统先生，祝你生日快乐》时，身上穿的正是一条镶有 2500 颗施华洛世奇水晶的性感裸色晚装，而这件晚装1999 年以 126 万美元的高价被拍卖。1984 年，迈克尔·杰克逊曾戴着一只镶满施华洛世奇水晶的黑色手套参加全美音乐奖颁奖礼，这只手套 2019 年以约 125 万元人民币被买走。

施华洛世奇家族的子孙在研发上苦下功夫，慢慢地开始涉足水晶之外的业务，包括泰利莱固结磨具和光学仪器制造等。除了在时尚界，施华洛世奇更是把触角延伸到每一个能被水晶装饰的角落。1965 年，品牌推出 STRASS 水晶吊灯垂饰，纽约大都会歌剧院、巴黎凡尔赛宫的水晶灯饰均为施华洛世奇水晶。从 2007 年开始，施华洛世奇一直为奥斯卡颁奖典礼装点洛杉矶杜比剧院。

然而，过快的业务扩张导致了经营成本的暴涨，施华洛世奇一度被庞大的线下销售网络所拖累。2020 年 9 月，125 岁的施华洛世奇宣布裁员 6000 人，缩减全球 3000 家店铺，而这不仅是对施华洛世奇，更是对整个珠宝配饰行业敲响的一声警钟。

历史兜兜转转，循环往复，曾经败给了施华洛世奇无情的大工业流水线的那些手工珠宝品牌又在人们对美好旧日时光的执念中卷土重来，带着岁月洗礼后的温存的光芒，带着有人情味的设计的点滴，温暖而落落大方地诉说着她们所走过的光阴，和那些曾经的故事。

# Joseff of Hollywood：低调的典雅

　　做旧的俄罗斯金属工艺、磨砂质感、深古铜色的铸模金属结合色泽明艳或透亮的仿宝石，Joseff of Hollywood 打造出了低调的典雅，层次丰厚而又韵味无穷。刻画细微、栩栩如生的动物造型珠宝仿佛带人们回到了古埃及和拜占庭帝国，来到了沙漠与丛林。

　　创始人尤金·约瑟夫（Eugene Joseff）1905 年出生于美国芝加哥的奥地利裔家庭。23 岁之前，尤金一直在一家艺术品铸造厂做学徒，日复一日地用金属铸造小型雕塑和装饰品，但这位不安分的年轻人满脑子想的都是铸造皇冠

和权杖。

1928 年，尤金只身闯荡好莱坞，凭借高情商和亲和力迅速在好莱坞打开了市场，但是手头拮据的他只能用黄铜和人造宝石制作首饰，并且还不能大批量制作。他有能力做到的只是认认真真地做好一件件首饰，然后将这些首饰反复租借给好莱坞的电影制片公司，没想到，他却因此抢占了好莱坞 90% 的首饰市场，成为好莱坞首屈一指的时装珠宝品牌"Joseff of Hollywood"。短短数年，才华横溢的尤金便赚得盆满钵满。

毫不夸张地说，Joseff of Hollywood 几乎承包了当时好莱坞电影中的配饰制作，涵盖《乱世佳人》《埃及艳后》《卡萨布兰卡》《蒂凡尼的早餐》等上百部影片。

尤金喜欢写作，他曾在电影报刊上发表多篇文章，他曾这样写道："如果你想买点什么，那么从胸针开始为最佳，你可以把它别在西装翻领、衣领或者口袋上，也可以别在帽子、腰带和晚礼服上。"

尤金意识到零售市场的巨大潜力，于是开始在高端百货商场进行珠宝零售。随着生意的日益壮大，尤金雇用了琼·卡塞尔（Joan Castle）来打理公司日常事务，很快两人相爱并于 1942 年结为夫妇。

尤金热爱飞行，1948 年的某个周末，即将迎来 43 岁生日的他在一场飞行意外中不幸去世，随后琼接管了公司，一直到 2010 年以 98 岁高龄去世。

20 世纪 50 年代，琼将珠宝租赁业务扩展到了电视领域。在随后的几十年，电影制片厂对精致的时装珠宝的需求日益下降，琼决定转向制造飞机铸件来维持首饰铸造厂的运转，其实早在二战期间，公司就为美国军方进行了首次飞机铸件的生产。

如今，Joseff of Hollywood 逐渐淡出了人们的视线，但其时装珠宝依然在精品店中销售。与此同时，蓬勃发展的是其飞机配件制造公司，虽有遗憾，但也算是以另一种方式传承了尤金·约瑟夫对飞行的热爱。

收藏 Tips

关于打标：

Joseff of Hollywood 的大多数首饰上都打标"Joseff"或"Joseff of Hollywood"，名人定制饰品除外。生产于 20 世纪 30 年代—40 年代末的饰品如今已非常罕见。

Askew London

# Askew London：念念不忘的异域情调

　　灵蛇、圣甲虫、狮身人面像、佛祖……Askew London 时装珠宝的题材几乎无所不涉猎，品牌辨识度极高，其作品中都蕴藏着设计师强烈的自我风格。最经典也最具代表性的款式是造型繁复的摩尔人系列。

　　1979 年，设计师 Sue Askew 在伦敦郊区找到了一间小工厂用来生产时装珠宝，她先用机器制作出一些简单的基础零件，随后结合她收集来的 40~60 年代的复古配件，开始手工组装，将她天马行空的想法变为现实。

在对首饰零件的每一次叠加、重构中，创造出美感、空间感和新奇感，巧妙且出其不意地再现了古埃及、古罗马神话中的动物和人物，这些颇具异域风情的元素仿佛把我们带回到那古老的年代，穿越到辉煌的拜占庭帝国、神秘的东方国度和非洲的原始部落。

　　遗憾的是，这家小型工厂只存续了几年时间，但是就在这短短的几年中，留下了工艺精湛的耳环、胸针、项链等。运用传统手工技法，用天然石材、精美琉璃、高端树脂彩宝进行镶嵌，也正因为是百分百手工制作，所以基本上是单款单枚，产量极低。

　　最近几年，Askew London 重获新生，技法也同当年一样，对零件进行手工拼装、排列组合，但是一丝不苟的藏家们还是念念不忘最初的 Askew London。

# ben-amun

## Ben-Amun：可穿戴的古典艺术品

"珠宝和首饰不是被潮流所创造的，而是它们自己创造了自己。"这是 Ben-Amun 品牌创始人 Issac Manevitz 的信条。

Issac Manevitz 在开罗出生、长大，十几岁的时候就能在作坊里待上好几个小时，陪着父亲制作珠宝。他的父亲是埃及皇室御用的珠宝匠人。

20 世纪 60 年代，Issac Manevitz 移民美国，在纽约大学布鲁克林学院艺术与雕塑专业学习。为了挣零花钱，

Issac 开始给一些珠宝公司设计首饰。Issac 的妻子 Regina
是纳粹大屠杀幸存者的后代，1967 年从波兰来到美国。这
对年轻人在纽约相恋，组建家庭，创业，直到建立起时尚
珠宝王国。公司名字取自 Issac 的长子 Ben 的名字和埃及法
老图坦卡蒙。

Ben-Amun 的时装珠宝全部在位于纽约的工厂中以手
工制作。Ben-Amun 善于使用施华洛世奇水晶、合成树脂、
有机玻璃或锡铅合金等材料，再配以羽毛、麦穗流苏、叶
子等造型，以简单流畅的线条，打造出具有十足现代感或
复古味道的宫廷风首饰。

"我的设计就是要让女人成为瞩目的焦点，她可以巧
妙地驾驭整个空间，你会因此记住她的成熟、优雅和智慧。"
正因如此，Isaac Manevitz 以"可穿戴的艺术品"为目标雕
琢珠宝，采用各种特殊材质，打造出大胆、有趣的饰品，
彰显佩戴者的独特个性。

Calvin Klein、Tory Burch 以及 Michael Kors 等品牌都
曾邀请过 Ben-Amun 为其 T 台秀设计时装珠宝。美国前第
一夫人杰奎琳·肯尼迪、超模凯特·莫斯、好莱坞女星布
莱克·莱弗利和歌手蕾哈娜等都曾佩戴过 Ben-Amun 珠宝。

1977 年，Ben-Amun 成立了集团公司，品牌于 1991 年
停止运营。

# Ciléa：童话的明媚

Ciléa 网站的首页上这样写道："Ciléa 的故事就是一位父亲和女儿之间传承的故事，女儿就在这些戒指和项链的环绕中长大。"这是公司创始人 Stéphane Ravel 的两位女儿 Améline 和 Ambre 的留言。

1992 年，Stéphane Ravel 在巴黎市中心创立了 Ciléa 品牌，定位很清晰——为女性打造色彩斑斓的、与众不同的、大胆的时装珠宝。每一件饰品都在巴黎的工作室设计定稿，从公司创立至今，始终保持着百分百手工制作。

名称
花卉系列胸针
品牌
Ciléa
年代
1990
质地品类
树脂

Stéphane Ravel 是会计出身，1992 年，因为一次与艺术家 Monique Védie 女士的会面，他对珠宝产生了浓厚的兴趣。Stéphane 向 Védie 女士学习珠宝制作的技艺，并以爱妻的名字 Ciléa 作为公司名，成立了珠宝工作坊。1995 年，银莲花成为品牌的标志。

在接下来的二十年里，Ciléa 的艺术风格一直围绕着品牌的主线造型——花卉和动物不断发展、完善。由于亚克力材质透明度高，具有很强的韧性、透光性和可塑性，因此，Ciléa 用亚克力制作出各种花朵：百合花、小雏菊、天竺葵，还有琳琅满目的蔬菜瓜果：大葱、胡萝卜、无花果、豌豆荚……无奇不有。

2012 年，公司从巴黎搬迁到法国西北部的布列塔尼，并成立了新的工作室。目前，公司由创始人的两个女儿管理，以小而精的团队坚守着匠人的精神与情怀，雕琢着时装珠宝。我们能从 Ciléa 的每一件设计中感受到一丝不苟的法国工艺，以及背后大胆、率真、时髦且奔放的灵魂。

# Léa Stein

## Léa Stein 的可爱王国

　　老鹰、睡猫、粉色卷尾狐、蓝色小狗、抱着竹子的熊猫、长着翅膀的仙女……这些充满童话色彩、活灵活现、带有情景叙事的动物和人物胸针来自法国设计师品牌 Léa Stein，品牌以扁平的塑料纽扣、胸针和手镯而闻名。

　　品牌创始人 Léa Stein 被誉为"20 世纪最著名的塑料首饰设计师"，Léa Stein 于 1936 年出生，她的成长背景和生活一直鲜为人知。20 世纪 60 年代，塑料作为石油化工革命的产物，逐渐应用于时装珠宝的制作中。从 1965 年开始，Léa Stein 逐渐对塑料产生了浓厚的兴趣。

名称
小动物系列胸针
品牌
Lea Stein
年代
1990
质地品类
树脂

　　Léa Stein 的丈夫 Fernand Steinberger 是一位化学家，他发明了一种特殊的工艺：将非常薄的醋酸纤维素薄片进行分层层压，形成彩色的"塑料三明治"，有的设计需要多达50层层压醋酸纤维素，就像一个升级版的"三明治"，每个三明治都要经由长时间高温烘烤、冷却，再切割成各种形状，这个过程需要长达半年的时间。仅是这些材料和创新工艺就已经堪称现代奇迹了，这一创新技术让他们能够巧妙地在塑料中插入不同的织物（如织锦和蕾丝），呈现出独特的颜色和质感。

　　在过去的几十年里，Léa Stein 的设计重点一直放在最受欢迎的胸针上。每一件作品都是独一无二的，细节上的细微差别取决于纹理、图案、颜色，以及冷却的方式。

Léa Stein 胸针的题材从动物到人物、抽象几何图案等应有尽有，风格独特，因为有的饰品接近装饰艺术风格，所以有人会错误地将作品定义在 20 世纪 20 年代。Léa Stein 出品的每一枚胸针都有专属的名字，每种设计可能有几十种不同的颜色和图案的变体。

在品牌鼎盛时期，公司在法国雇用了 50 多名员工。虽然在欧洲很受欢迎，但是直到 20 世纪 80 年代后期，一家服装珠宝经销商才开始代理销售 Léa Stein，这一独特的设计师品牌才走向国际，并一直持续到今天。

每年，Léa Stein 都会推出两三款新品，每一款都能让粉丝们惊喜不已。在 Léa Stein 的异想天开中，一个色彩缤纷的童话世界铺天盖地而来。

## 收藏 Tips

### 关于打标：

与许多广受欢迎的品牌一样，Léa Stein 的复制品很常见。Léa Stein 正品具有独特的 Léa Stein 标志金属 V 形扣，早期产品利用热冲压技术固定，后来改用铆钉固定。在无法使用扣环的情况下，圆形 Léa Stein 标志会直接热印在塑料上。

# Karl Lagerfeld：拒绝平庸

　　深色墨镜、银色马尾、笔挺的西装，这位在时尚圈叱咤风云多年的时装设计师被誉为"时装界的恺撒大帝"，更是被中国时尚界亲切地称为"老佛爷"。

　　20 世纪 30 年代出生于德国汉堡的卡尔·拉格菲（Karl Lagerfeld），见证了时尚的变迁与更迭，他像是一台时尚的永动机，一直不停歇，直到 85 岁高龄去世。

　　这是一位有态度的设计师，也正因如此，"老佛爷"本人就是一个响亮的招牌。他从小就极具设计天赋，21 岁凭借一次比赛踏入时尚界，31 岁正式加入 Chloé，成为该品牌的设计师，凭借天马行空的设计在时尚圈崭露头角。而"老佛爷"在时尚圈的传奇经历当然与 CHANEL 密不可分，有人说，是 CHANEL 成就了"老佛爷"，但更确切地说，是"老佛爷"重振了 CHANEL。1983 年，"老佛爷"加入陷入"睡美人"状态的 CHANEL 担任创意总监，举世闻名的双 C 标志正是出自他之手，这一标志性的设计被先后运用于包袋和珠宝设计中，大受欢迎，随后，他又推出了风格华丽且浮夸的金币珠宝，在传统珍珠配饰的基础上，加入了大量皮革、金属材质，增加了一份叛逆与硬朗。"老佛爷"重振 CHANEL 之前，早在 1965 年就开始效力于品牌 Fendi，推出了让他声名大噪的双 F 标志，并于 2007 年在长城举办了一场史诗级别的时装秀。

1984 年，"老佛爷"创立了自己的同名品牌 Karl Lagerfeld，将巴黎风格、休闲、摇滚融为一体。

卡尔·拉格菲（Karl Lagerfeld）跨越半个世纪的鬼才设计，无论是珠宝还是服装，都有着鲜明的风格，就像他一生都在追随的信条——"我只是想拒绝平庸而已。"

品牌
Karl Lagerfeld
年代
1980
质地品类
合金镀金

# 胸针的表情

胸针，顾名思义要戴在胸口，靠近心脏的地方，但还有一些进阶的佩戴方法能让你更有个性。香奈儿女士曾说过，"它可以戴在西装领口上、口袋上、帽子上、腰带上或者晚礼服上"。

胸针，是心上的自己。胸针，是一种态度。胸针，是有表情的。

全套 Vintage 首饰打造完美优雅

戴在左侧胸口以上

正式且不会出错的戴法便是戴在胸口左侧、肩膀以下10厘米处。这种佩戴方法适用于任何场合，可参考胸针的佩戴高手英国女王伊丽莎白二世及她的孙媳妇凯特王妃。

戴在西装领口
非常端庄，让单调的衣领变
得丰富且立体。

搭配休闲装和运动装

让胸针自由地飞到
领口、口袋和袖口

古典"双重奏"对夹多功能胸针的使用

胸口间的纽扣，具有实用性与仪式感

Vintage 胸针时尚百年

点缀腰间，调整身材比例

叠戴的多样性

花卉、动物、字母、人物等，丰富灵动

围巾、披肩上的妙用

让胸针成为"肩宠"

给包包变换风格

胸针作为帽饰品

头饰的妙用

树脂材质胸针的俏皮感

# 后记

选一枚让你心动的 Vintage 胸针，任性地将她装点在身上，她将让你与众不同。茫茫人海中，这是一场特别的约会，这场约会属于你与胸针，以及她所来自的时代。

我有幸踏上 Vintage 胸针的收藏之路，成体系、成系列地收藏了数千枚胸针，并迫不及待地把这些美美与共的宝藏与更多人分享。

收藏于我而言，是一条漫漫求知路，是缤纷的万花筒。我每每惊叹于创造这些饰物的精湛的工艺与背后的匠人精神，豁然开朗于藏品背后的历史与故事。

收藏，将那折叠的旧日时光徐徐熨开。收藏，是美的文艺复兴，如涓流，如甘霖，如秋日暖阳，滋养着我，指引着我。

**图书在版编目（CIP）数据**

Vintage胸针时尚百年 / 郑莺燕著. 一北京：电子工业出版社，2022.11
ISBN 978-7-121-44537-8

Ⅰ.①V… Ⅱ.①郑… Ⅲ.①胸针－设计－历史－世界 Ⅳ.①TS934.3-091

中国版本图书馆CIP数据核字（2022）第214106号

责任编辑：马洪涛
文字编辑：白　兰
印　　刷：中国电影出版社印刷厂
装　　订：中国电影出版社印刷厂
出版发行：电子工业出版社
　　　　　北京市海淀区万寿路173信箱　　邮编：100036
开　　本：710×1000　1/16　印张：19.25　　字数：295千字
版　　次：2022年11月第1版
印　　次：2023年5月第2次印刷
定　　价：138.00元

凡所购买电子工业出版社图书有缺损问题，请向购买书店调换。若书店售缺，请与本社发行部联系，联系及邮购电话：（010）88254888，88258888。

质量投诉请发邮件至zlts@phei.com.cn，盗版侵权举报请发邮件至dbqq@phei.com.cn。

本书咨询联系方式：bailan@phei.com.cn，（010）68250802。